#최강단원별연산
#교과서단원에맞춘연산교재
#연산유형완벽마스터
#재미UP!연산학습

계산박사

Chunjae Makes Chunjae

▼

기획총괄	김안나
편집개발	이근우, 서진호, 김현주
디자인총괄	김희정
표지디자인	윤순미, 박민정
내지디자인	박희춘
제작	황성진, 조규영

발행일	2024년 4월 1일 5판 2024년 4월 1일 1쇄
발행인	(주)천재교육
주소	서울시 금천구 가산로9길 54
신고번호	제2001-000018호
고객센터	1577-0902
교재 구입 문의	1522-5566

계산박사

2 단계

계산박사 만의 남다른 특징

1

교과서 단원에 맞춘 연산 학습

교과서 주요 내용을 단원별로 세분화하여 교과서에 나오는 연산 문제를 반복 연습할 수 있어요.

1 대표 문제를 통해 개념을 이해해 보세요.

2 배운 내용을 아래 문제에서 연습해 보세요.

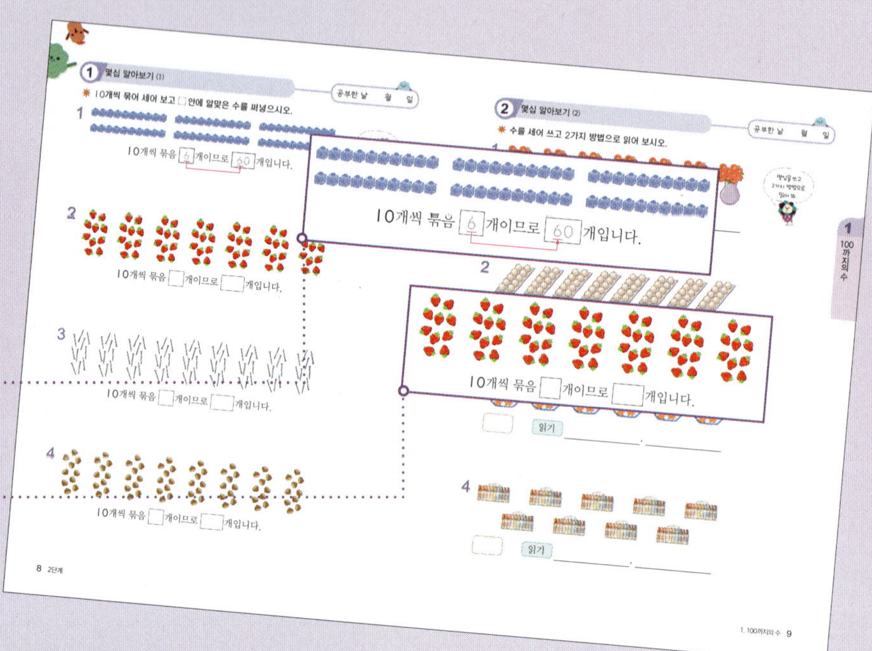

2

QR 코드를 통한 문제 생성기, 게임 무료 제공

QR 코드를 찍어 보세요.
문제 생성기 와 학습 게임 이 무료로 제공됩니다.

문제 생성기 같은 유형의 여러 문제를 더 풀어 볼 수 있어요.

학습 게임 주제와 관련된 재미있는 학습 게임을 할 수 있어요.

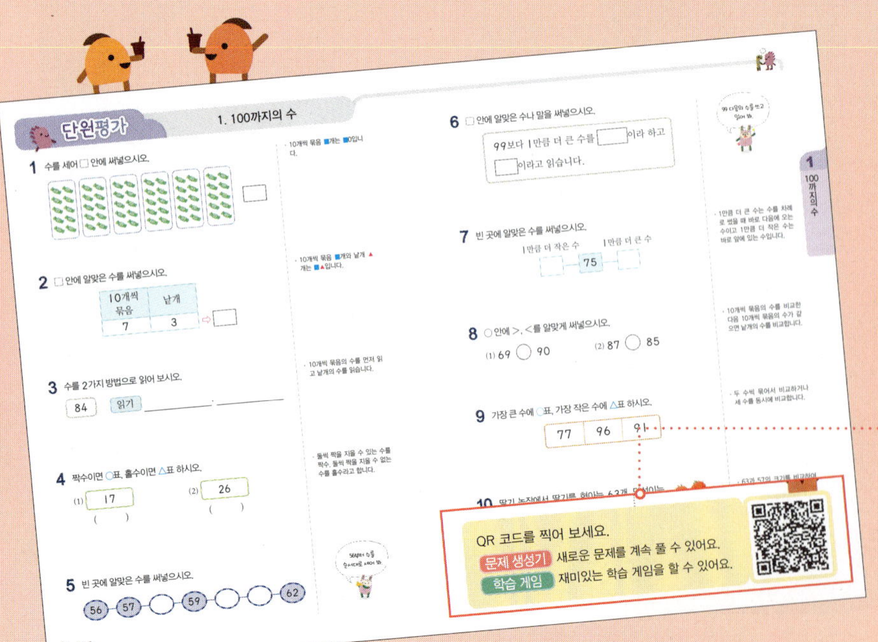

차례

100까지의 수

제1화 보물 지도를 발견하다!

이미 배운 내용

[1-1 50까지의 수]
• 십몇 알아보기
• 19까지의 수 가르기와 모으기
• 10개씩 묶어 세기
• 50까지의 수 세기

이번에 배울 내용
• 몇십 알아보기
• 99까지의 수 알아보기
• 수의 순서 알아보기
• 두 수의 크기 비교하기
• 짝수와 홀수 알아보기

앞으로 배울 내용

[2-1 세 자리 수]
• 세 자리 수 알아보기
• 각 자리의 숫자가 나타내는 수 알아보기
• 수의 크기 비교하기

무슨 일로 장미꽃을……
난 알고 있지룽~

오늘 박사님 결혼기념일이야.
그렇구나!!
역시 코보Z야.

근데 아빠 왜 100송이가 아니라 75송이를 보내셨지?

하하~ 100송이 하고 싶어 하셨는데 우리 집에 장미꽃이 이게 전부야.
아~

100?
99보다 1만큼 더 큰 수야.

집에 엄마 계실 거예요.
그래 고맙다~

너도 이번 내 생일에 장미꽃 선물해라. 기대할게.

싫어.
뭐?

차라리 꽃보다는 떡볶이를……
와~ 좋아! 좋아! 나도 그게 좋아.
……

자, 그럼 빨리 보물 찾으러 출발!
와
이야! 신난다.
와

1 몇십

☀ 수를 세어 써 보시오.

1

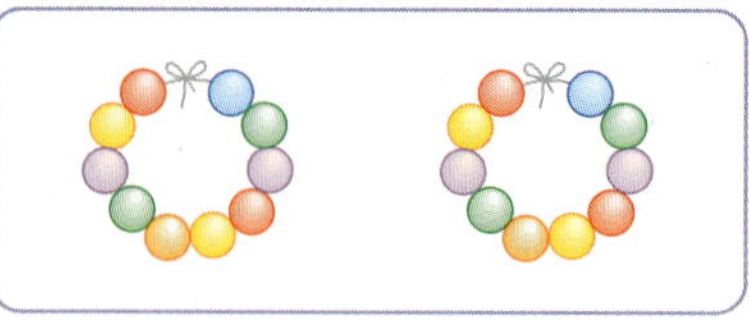

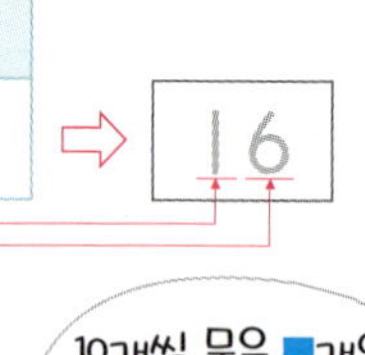

20

└─10개씩 묶음 2개이므로 20입니다.

2

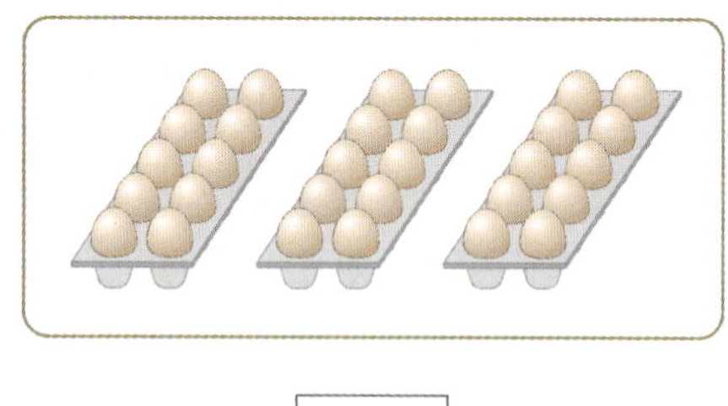

3

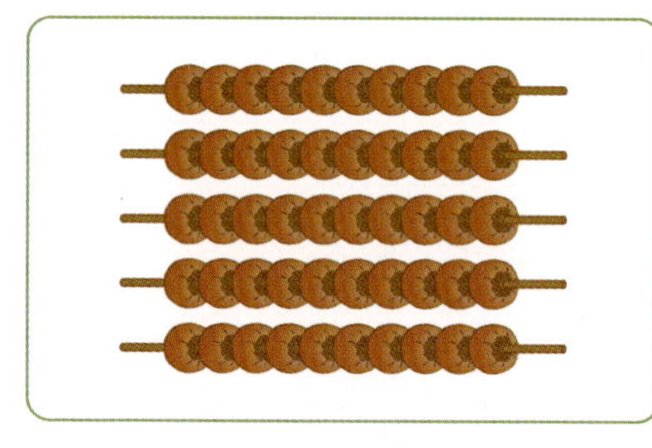

4

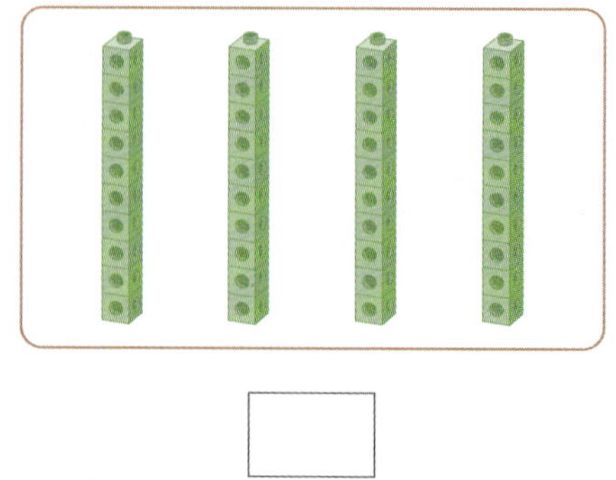

2 몇십몇

☀ □ 안에 알맞은 수를 써넣으시오.

1

10개씩 묶음	낱개	
1	6	⇨ 16

2

10개씩 묶음	낱개	
3	5	⇨

3

10개씩 묶음	낱개	
2	7	⇨

4

10개씩 묶음	낱개	
4	3	⇨

5

10개씩 묶음	낱개	
3	9	⇨

☀ 빈 곳에 알맞은 수를 써넣으시오.

1 11 12 13 14 15

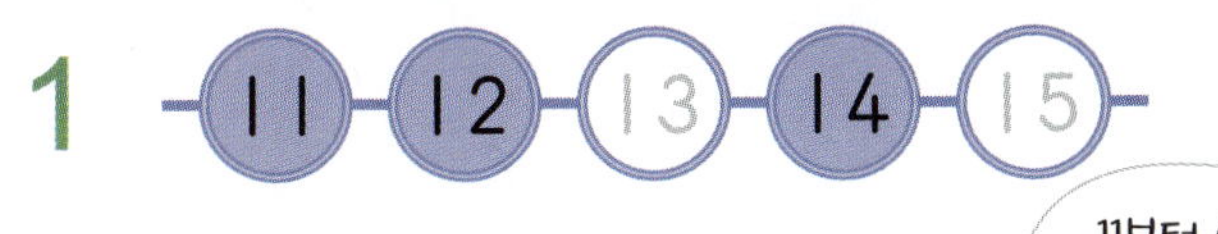

2 17 ◯ 19 20 ◯

3 32 ◯ 34 ◯ 36

4 23 24 ◯ 26 ◯

5 ◯ 41 ◯ 43 44

6 35 36 ◯ ◯ 39

7 ◯ 47 48 ◯ 50

☀ 더 큰 수에 ◯표 하시오.

1 | 23 | 18 |

10개씩 묶음의 수가 23이 더 큽니다.

2 | 36 | 29 |

3 | 16 | 41 |

4 | 50 | 42 |

5 | 25 | 28 |

6 | 39 | 32 |

7 | 47 | 44 |

1 몇십 알아보기 (1)

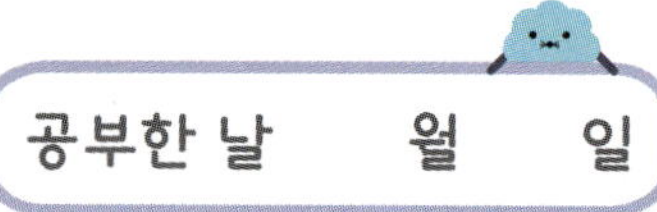

☀ 10개씩 묶어 세어 보고 ☐ 안에 알맞은 수를 써넣으시오.

1

10개씩 묶음 6 개이므로 60 개입니다.

2

10개씩 묶음 ☐ 개이므로 ☐ 개입니다.

3

10개씩 묶음 ☐ 개이므로 ☐ 개입니다.

4

10개씩 묶음 ☐ 개이므로 ☐ 개입니다.

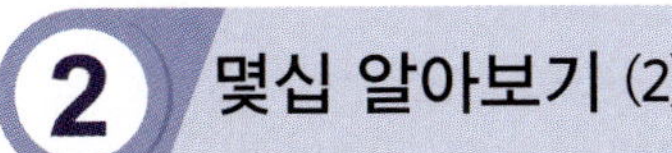

☀ 수를 세어 쓰고 2가지 방법으로 읽어 보시오.

1

70   읽기   칠십   ,   일흔

└ 10개씩 묶음 7개이므로 70입니다.

2
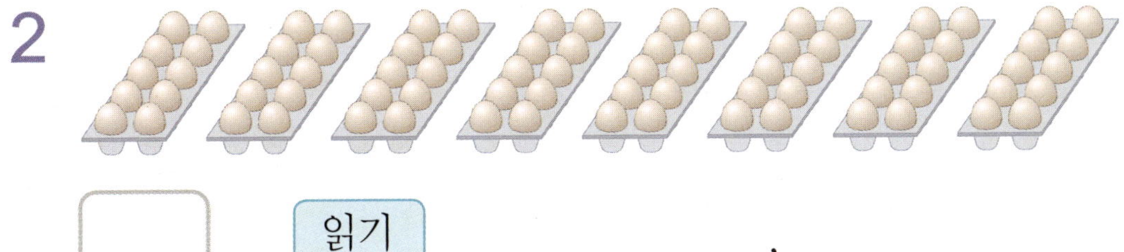

☐   읽기   ___________ , ___________

3

☐   읽기   ___________ , ___________

4

☐   읽기   ___________ , ___________

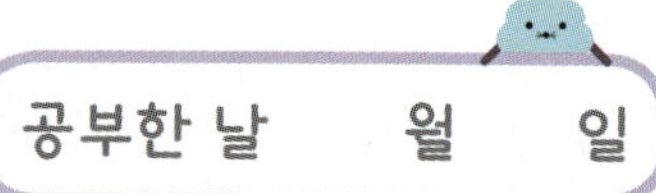

☀ □ 안에 알맞은 수를 써넣으시오.

1 10개씩 묶음 **6**개와 낱개 **3**개를 [63] (이)라고 합니다.

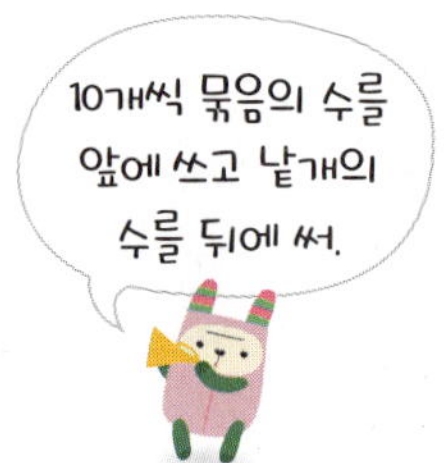

2 10개씩 묶음 **7**개와 낱개 **5**개를 [ ] (이)라고 합니다.

3 10개씩 묶음 **8**개와 낱개 **1**개를 [ ] (이)라고 합니다.

4 10개씩 묶음 **5**개와 낱개 **9**개를 [ ] (이)라고 합니다.

5 10개씩 묶음 **6**개와 낱개 **8**개를 [ ] (이)라고 합니다.

6 10개씩 묶음 **7**개와 낱개 **2**개를 [ ] (이)라고 합니다.

7 10개씩 묶음 **9**개와 낱개 **4**개를 [ ] (이)라고 합니다.

 **4** **99까지의 수 알아보기** (2)

 ☀ 수를 세어 써 보시오.

1 

10개씩 묶음	낱개
5	2

➡ 52

└ 10개씩 묶음 5개와 낱개 2개를 52라고 합니다.

2 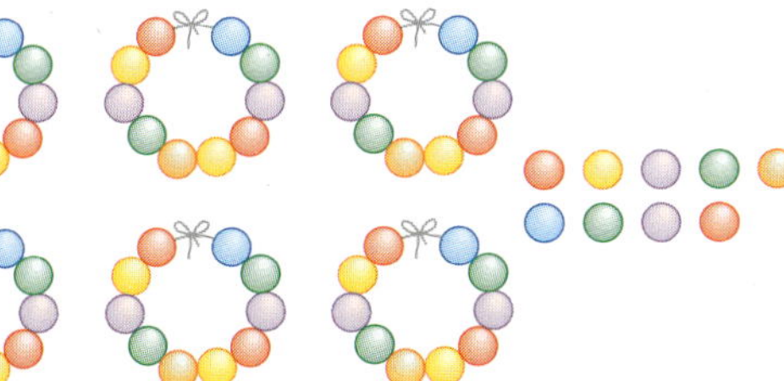

10개씩 묶음	낱개

➡

3 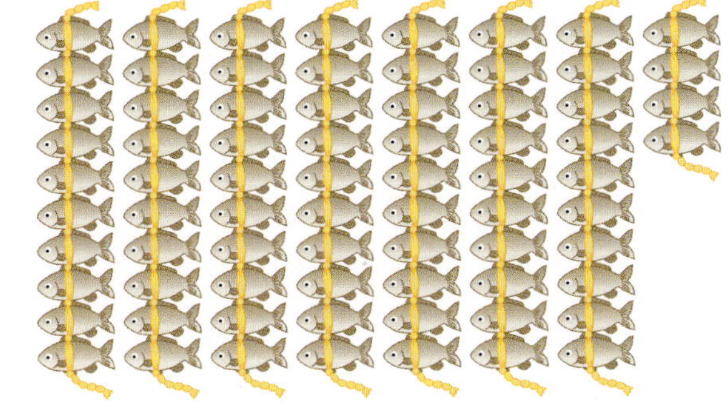

10개씩 묶음	낱개

➡

4 

10개씩 묶음	낱개

➡

5 99까지의 수 알아보기 (3)

☀ 수를 2가지 방법으로 읽어 보시오.

1 [54]   읽기   오십사 , 쉰넷

└ 오십넷, 쉰사라고 읽지 않도록 주의합니다.

2 [67]   읽기 ＿＿＿＿＿ , ＿＿＿＿＿

3 [89]   읽기 ＿＿＿＿＿ , ＿＿＿＿＿

4 [73]   읽기 ＿＿＿＿＿ , ＿＿＿＿＿

5 [56]   읽기 ＿＿＿＿＿ , ＿＿＿＿＿

6 [82]   읽기 ＿＿＿＿＿ , ＿＿＿＿＿

7 [91]   읽기 ＿＿＿＿＿ , ＿＿＿＿＿

☀ **다음을 수로 써 보시오.**

1 　오십일

(　51　)

└ 501로 쓰지 않도록
　주의합니다.

7 　예순넷

(　　　)

2 　일흔아홉

(　　　)

8 　팔십삼

(　　　)

3 　육십이

(　　　)

9 　아흔일곱

(　　　)

4 　쉰여덟

(　　　)

10 　칠십육

(　　　)

5 　구십사

(　　　)

11 　여든다섯

(　　　)

6 　여든하나

(　　　)

12 　육십구

(　　　)

☀ 수가 <u>다른</u> 하나에 △표 하시오.

1 | 칠십사   74   일흔셋 |
74   73

2 | 예순둘   육십일   61 |

3 | 89   팔십칠   여든일곱 |

4 | 오십삼   53   쉰넷 |

5 | 일흔아홉   칠십육   79 |

6 | 98   구십칠   아흔여덟 |

7 | 59   쉰아홉   오십팔 |

8 | 구십삼   92   아흔셋 |

9 | 67   예순일곱   육십팔 |

10 | 구십오   96   아흔다섯 |

11 | 여든여섯   팔십팔   86 |

12 | 육십오   65   예순여섯 |

☀ 빈 곳에 알맞은 수를 써넣으시오.

1 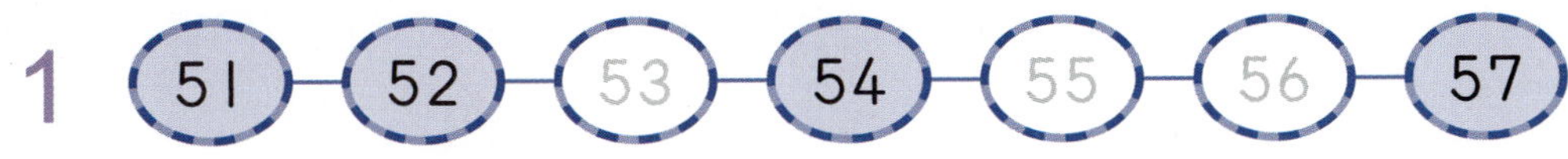
51 — 52 — (53) — 54 — (55) — (56) — 57

2 
66 — ◯ — 68 — 69 — ◯ — 71 — ◯

3 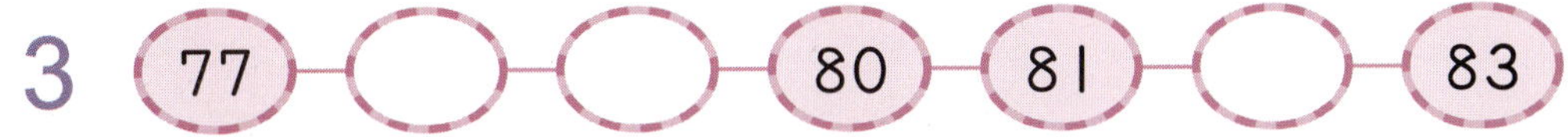
77 — ◯ — ◯ — 80 — 81 — ◯ — 83

4 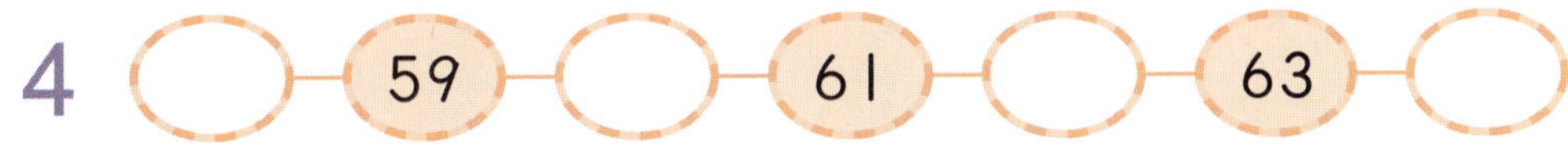
◯ — 59 — ◯ — 61 — ◯ — 63 — ◯

5 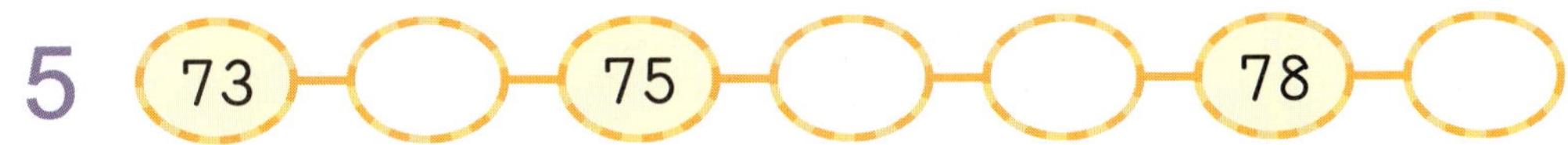
73 — ◯ — 75 — ◯ — ◯ — 78 — ◯

6 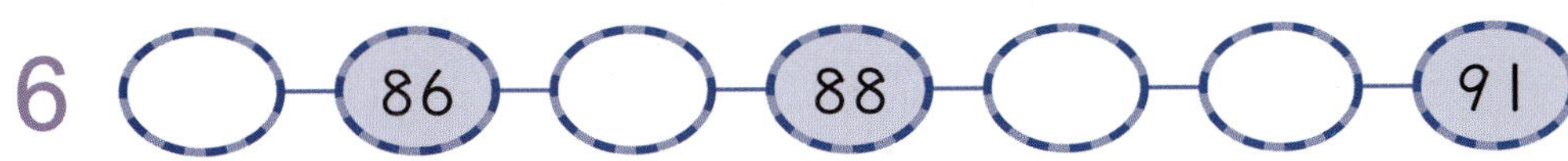
◯ — 86 — ◯ — 88 — ◯ — ◯ — 91

7 
94 — 95 — ◯ — ◯ — 98 — ◯ — ◯

☀ **빈 곳에 알맞은 수를 써넣으시오.**

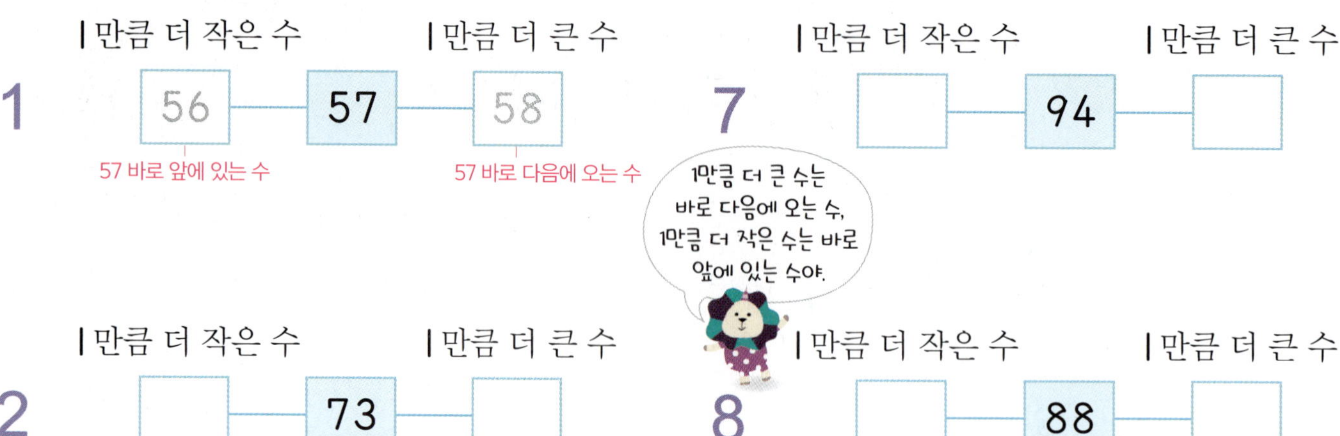

|만큼 더 작은 수　　|만큼 더 큰 수　　　　　|만큼 더 작은 수　　|만큼 더 큰 수
5　70　　　　　　　**11**　76

|만큼 더 작은 수　　|만큼 더 큰 수　　　　　|만큼 더 작은 수　　|만큼 더 큰 수

☀ ○ 안에 >, <를 알맞게 써넣으시오.

1   64는 58보다 큽니다. ⇨ 64 ◯> 58
└ 큰 수 쪽으로 벌어집니다.

2   59는 72보다 작습니다. ⇨ 59 ◯ 72

3   76은 80보다 작습니다. ⇨ 76 ◯ 80

4   83은 59보다 큽니다. ⇨ 83 ◯ 59

5   65는 68보다 작습니다. ⇨ 65 ◯ 68

6   87은 84보다 큽니다. ⇨ 87 ◯ 84

7   91은 93보다 작습니다. ⇨ 91 ◯ 93

☀ 수를 세어 빈칸에 쓰고 더 큰 수에 ◯표 하시오.

1
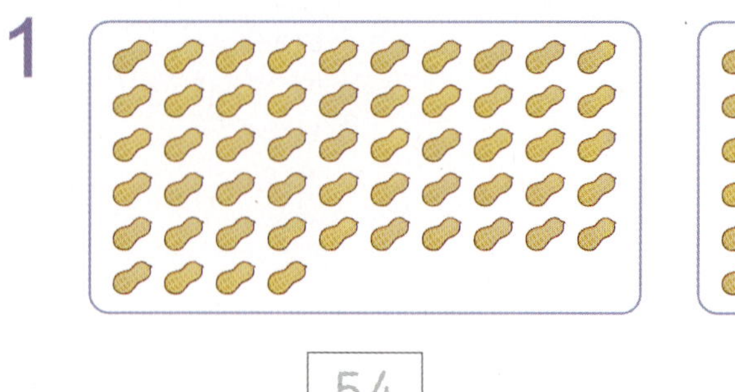

54   (60)

2
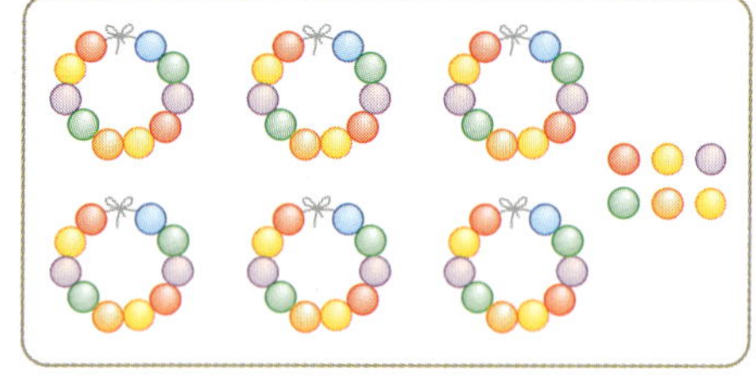

3
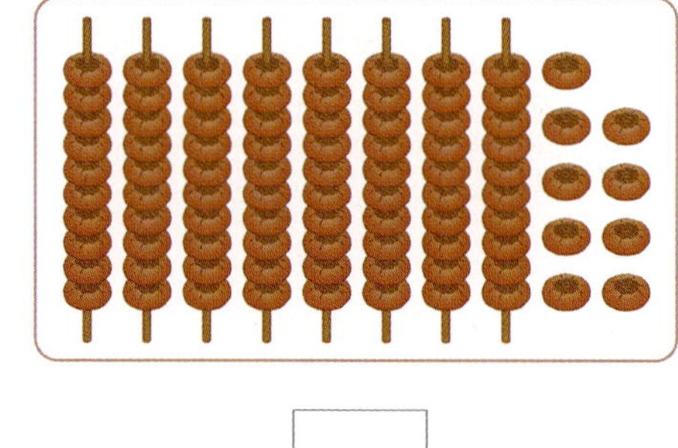

4
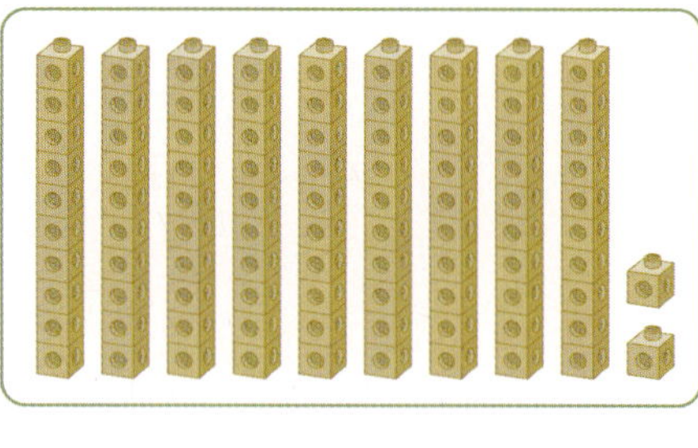

✷ 수를 세어 빈칸에 쓰고 더 작은 수에 △표 하시오.

1

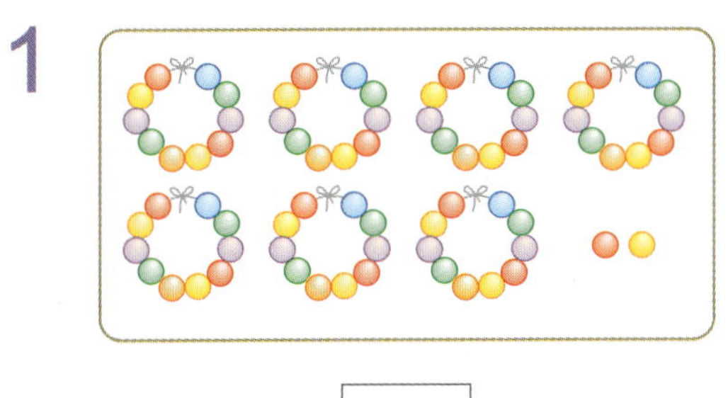
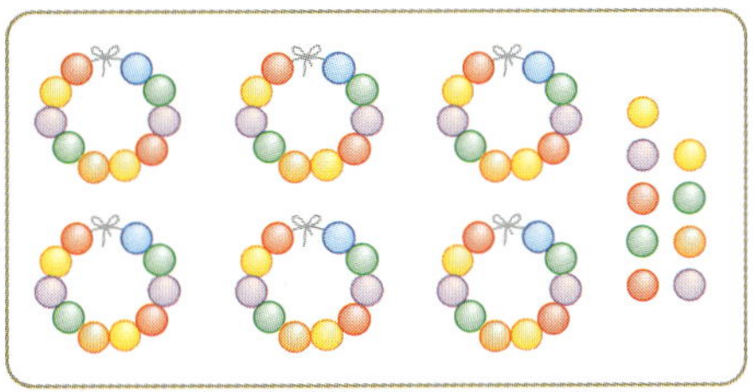

72

69

2

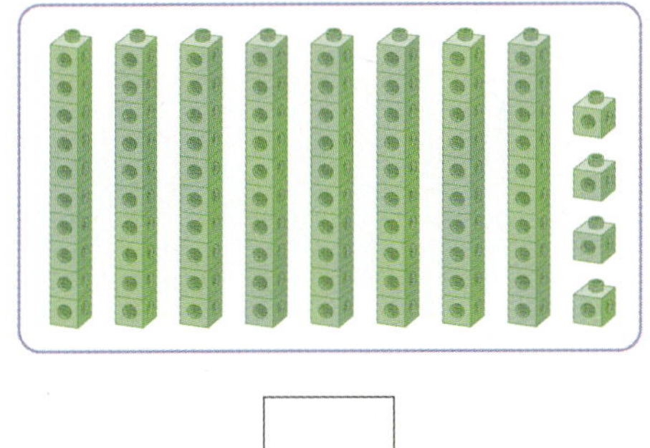
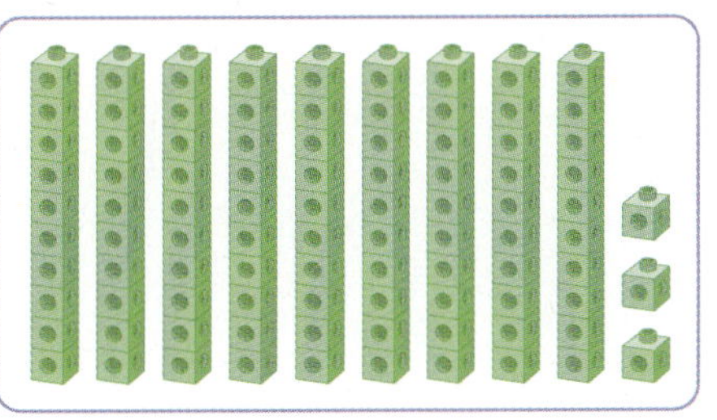

3

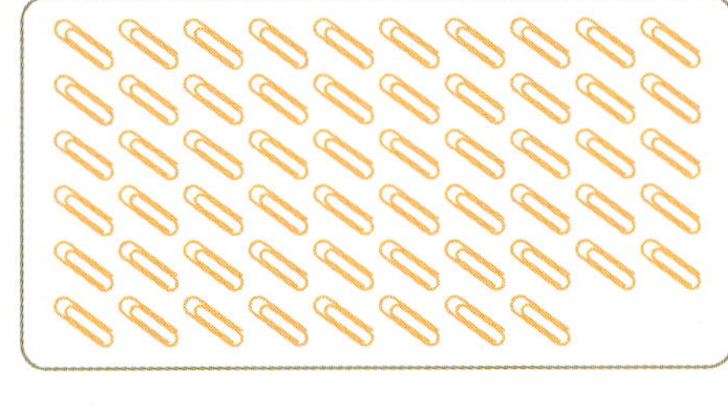
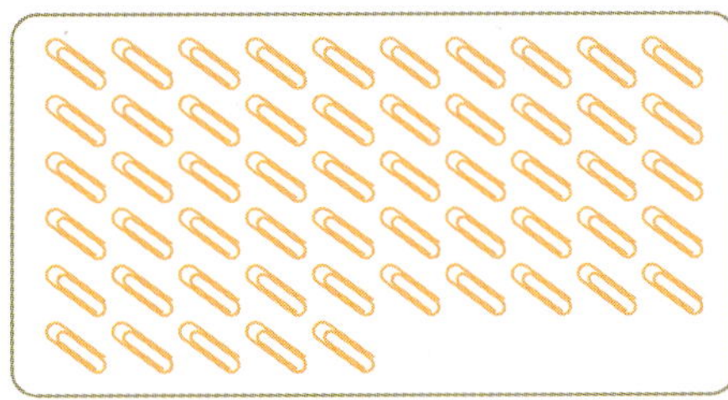

4

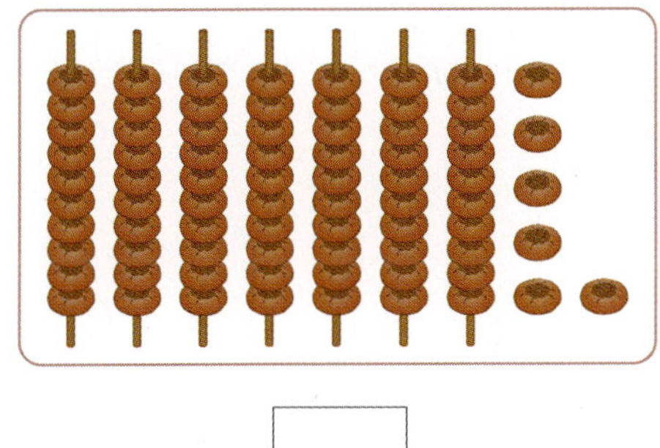
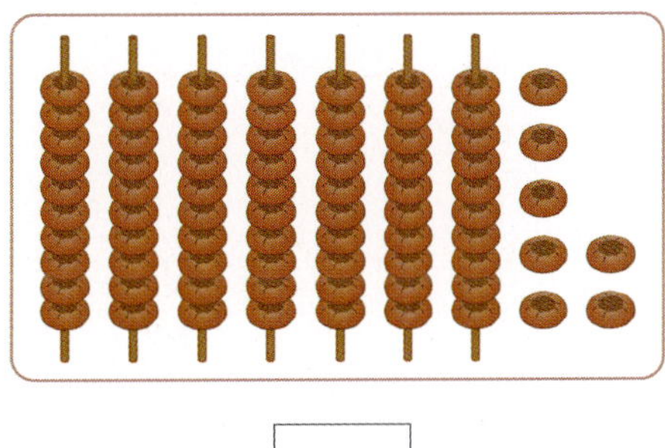

13 두 수의 크기 비교하기 (4)

☀ ○ 안에 >, <를 알맞게 써넣으시오.

1 59 < 63
5<6

2 77 ○ 58

3 68 ○ 82

4 80 ○ 75

5 60 ○ 57

6 93 ○ 79

7 55 ○ 87

8 85 ○ 72

9 61 ○ 54

10 70 ○ 88

11 52 ○ 73

12 96 ○ 56

13 84 ○ 91

14 99 ○ 66

14 두 수의 크기 비교하기 (5)

☀ ○ 안에 >, <를 알맞게 써넣으시오.

1 73 > 72
3>2

2 53 ○ 55

3 60 ○ 66

4 85 ○ 88

5 68 ○ 64

6 76 ○ 79

7 96 ○ 92

8 62 ○ 65

9 86 ○ 83

10 98 ○ 99

11 59 ○ 56

12 77 ○ 70

13 52 ○ 50

14 81 ○ 87

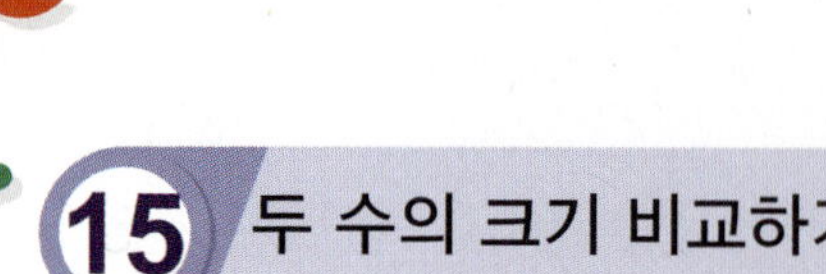

15 두 수의 크기 비교하기 ⑥

☀ 두 수의 크기를 비교해 보시오.

1   82 ⟩ 57
8>5

82는 57보다 (작습니다 , 큽니다).
57은 82보다 (작습니다 , 큽니다).

2   63 ◯ 73

63은 73보다 (작습니다 , 큽니다).
73은 63보다 (작습니다 , 큽니다).

3   90 ◯ 88

90은 88보다 (작습니다 , 큽니다).
88은 90보다 (작습니다 , 큽니다).

4   56 ◯ 71

56은 71보다 (작습니다 , 큽니다).
71은 56보다 (작습니다 , 큽니다).

5   54 ◯ 59

54는 59보다 (작습니다 , 큽니다).
59는 54보다 (작습니다 , 큽니다).

6   76 ◯ 72

76은 72보다 (작습니다 , 큽니다).
72는 76보다 (작습니다 , 큽니다).

7   99 ◯ 93

99는 93보다 (작습니다 , 큽니다).
93은 99보다 (작습니다 , 큽니다).

✹ 가장 큰 수에 ◯표, 가장 작은 수에 △표 하시오.

1   63   (87)   5△1

10개씩 묶음의 수가 87이
가장 크고 51이 가장 작습니다.

2   73   59   62

3   94   80   78

4   50   75   64

5   84   91   60

6   66   56   82

7   58   76   89

8   50   90   81

9   85   71   69

10   54   92   68

11   83   74   55

12   93   86   79

13   72   65   53

14   77   88   99

☀ 가장 큰 수에 ◯표, 가장 작은 수에 △표 하시오.

1 | (59) | △53 | 56 |

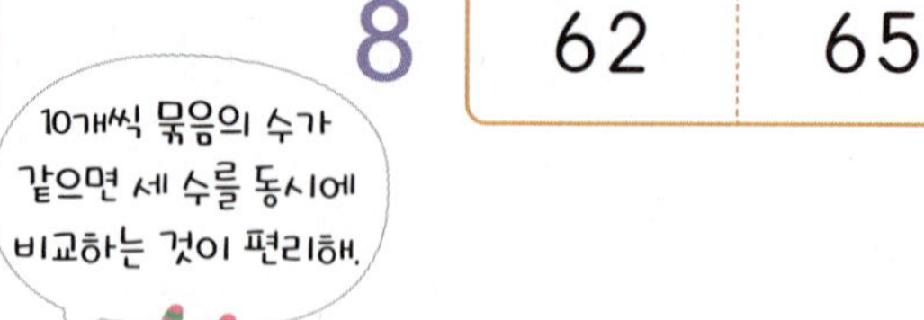

2 | 70 | 74 | 77 |

3 | 92 | 95 | 93 |

4 | 61 | 66 | 68 |

5 | 88 | 80 | 87 |

6 | 52 | 58 | 55 |

7 | 76 | 71 | 79 |

8 | 62 | 65 | 73 |

9 | 57 | 81 | 84 |

10 | 75 | 90 | 78 |

11 | 94 | 96 | 82 |

12 | 67 | 54 | 50 |

13 | 83 | 86 | 72 |

14 | 99 | 63 | 97 |

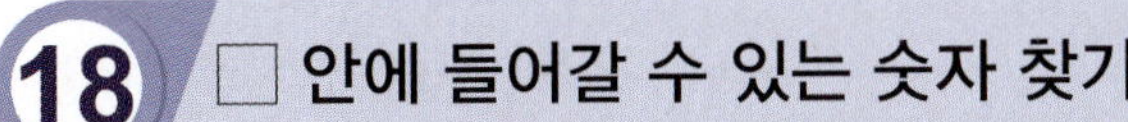

18 □ 안에 들어갈 수 있는 숫자 찾기

☀ □ 안에 들어갈 수 있는 숫자에 모두 ○표 하시오.

1 58<□4   (1 , 3 , 5 , ⑦ , ⑨)
58<74 58<94

2 76>□7   (5 , 6 , 7 , 8 , 9)

3 82<□5   (5 , 6 , 7 , 8 , 9)

4 63>□8   (3 , 4 , 5 , 6 , 7)

5 75<7□   (4 , 5 , 6 , 7 , 8)

6 84>8□   (0 , 2 , 4 , 6 , 8)

7 96>9□   (4 , 5 , 6 , 7 , 8)

☀ 수를 쓰고 짝수인지, 홀수인지 ○표 하시오.

1 

4 개

(짝수 , 홀수)

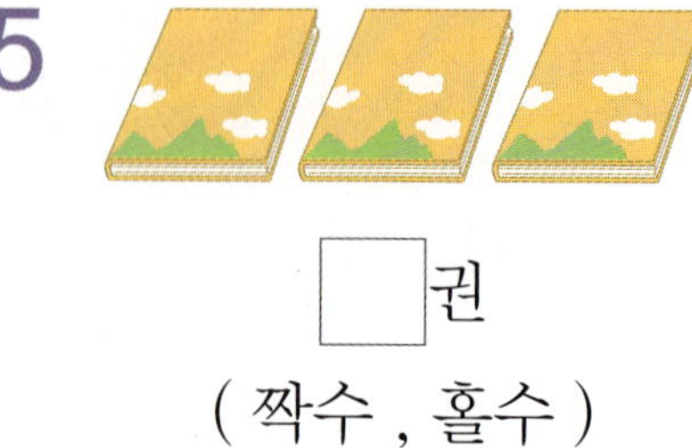

5 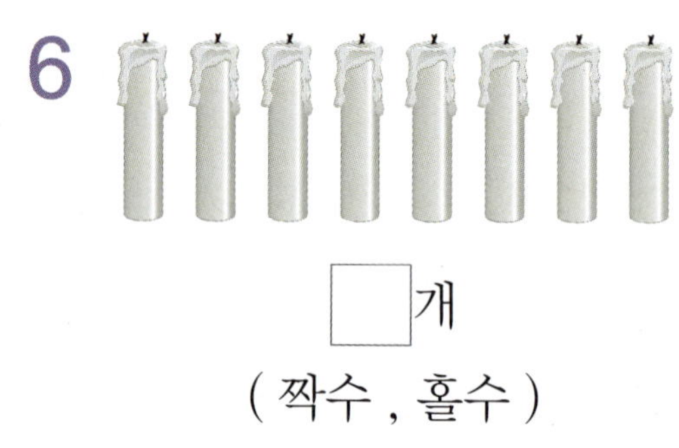

☐ 권

(짝수 , 홀수)

2 

☐ 마리

(짝수 , 홀수)

6 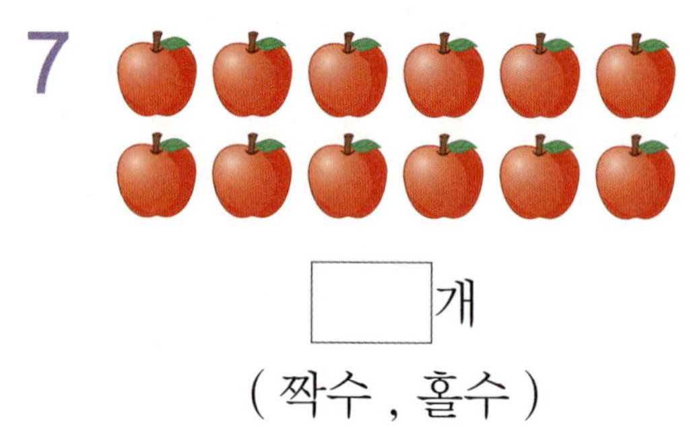

☐ 개

(짝수 , 홀수)

3 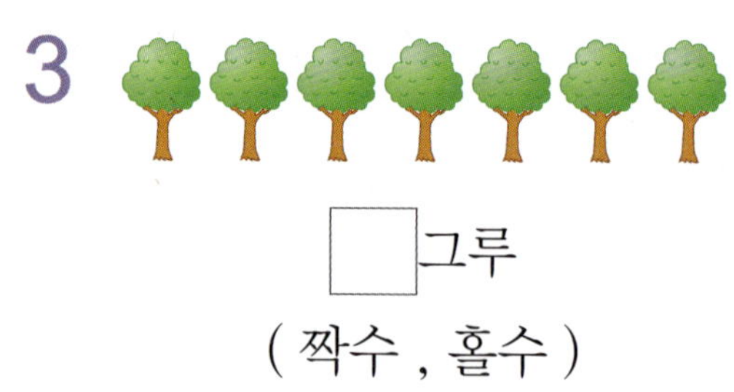

☐ 그루

(짝수 , 홀수)

7 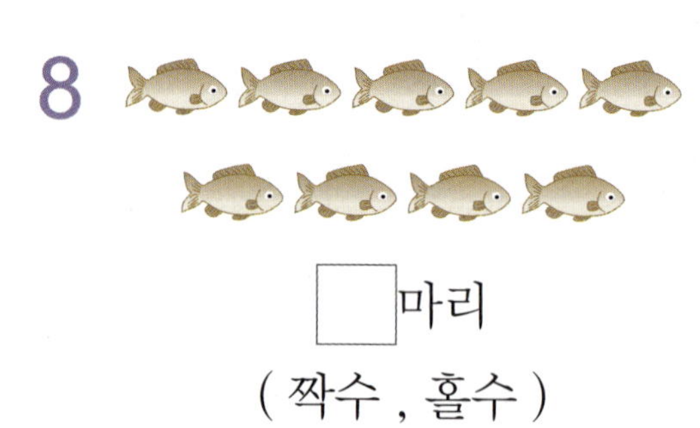

☐ 개

(짝수 , 홀수)

4 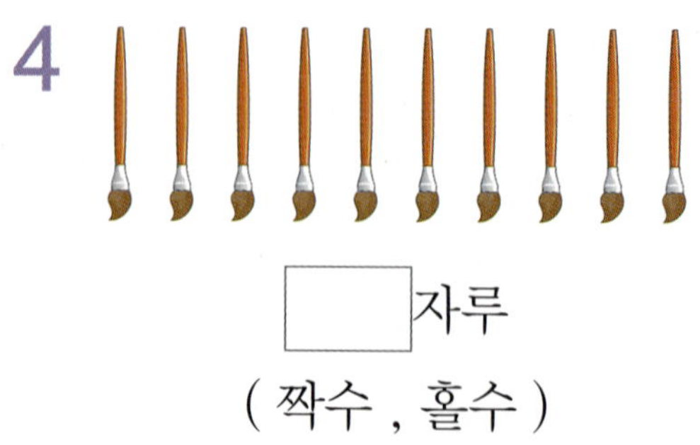

☐ 자루

(짝수 , 홀수)

8

☐ 마리

(짝수 , 홀수)

☀ 짝수이면 ○표, 홀수이면 △표 하시오.

1　| 11 |
（　　△　　）
수가 1로 끝나므로
홀수입니다.

2　| 24 |
（　　　　）

3　| 15 |
（　　　　）

4　| 23 |
（　　　　）

5　| 30 |
（　　　　）

6　| 47 |
（　　　　）

7　| 38 |
（　　　　）

8　| 19 |
（　　　　）

9　| 42 |
（　　　　）

10　| 36 |
（　　　　）

11　| 21 |
（　　　　）

12　| 50 |
（　　　　）

1 수를 세어 □ 안에 써넣으시오.

- 10개씩 묶음 ■개는 ■0입니다.

2 □ 안에 알맞은 수를 써넣으시오.

10개씩 묶음	낱개
7	3

⇨ □

- 10개씩 묶음 ■개와 낱개 ▲개는 ■▲입니다.

3 수를 2가지 방법으로 읽어 보시오.

84   읽기 ____________ , ____________

- 10개씩 묶음의 수를 먼저 읽고 낱개의 수를 읽습니다.

4 짝수이면 ○표, 홀수이면 △표 하시오.

(1) 17   (   )

(2) 26   (   )

- 둘씩 짝을 지을 수 있는 수를 짝수, 둘씩 짝을 지을 수 없는 수를 홀수라고 합니다.

5 빈 곳에 알맞은 수를 써넣으시오.

6 ☐ 안에 알맞은 수나 말을 써넣으시오.

> 99보다 I만큼 더 큰 수를 [   ]이라 하고
> [   ]이라고 읽습니다.

7 빈 곳에 알맞은 수를 써넣으시오.

I만큼 더 작은 수　　　I만큼 더 큰 수

[   ] — 75 — [   ]

- 1만큼 더 큰 수는 수를 차례로 썼을 때 바로 다음에 오는 수이고 1만큼 더 작은 수는 바로 앞에 있는 수입니다.

8 ◯ 안에 >, <를 알맞게 써넣으시오.

(1) 69 ◯ 90　　　　(2) 87 ◯ 85

- 10개씩 묶음의 수를 비교한 다음 10개씩 묶음의 수가 같으면 낱개의 수를 비교합니다.

9 가장 큰 수에 ◯표, 가장 작은 수에 △표 하시오.

| 77 | 96 | 91 |

- 두 수씩 묶어서 비교하거나 세 수를 동시에 비교합니다.

10 딸기 농장에서 딸기를 현아는 63개, 민선이는 57개 땄습니다. 누가 딸기를 더 많이 땄습니까?

(　　　　　　　)

- 63과 57의 크기를 비교하여 더 큰 수를 찾습니다.

QR 코드를 찍어 보세요.
문제 생성기 새로운 문제를 계속 풀 수 있어요.
학습 게임 재미있는 학습 게임을 할 수 있어요.

배가 고파도 보물 찾기는 멈출 수 없지!

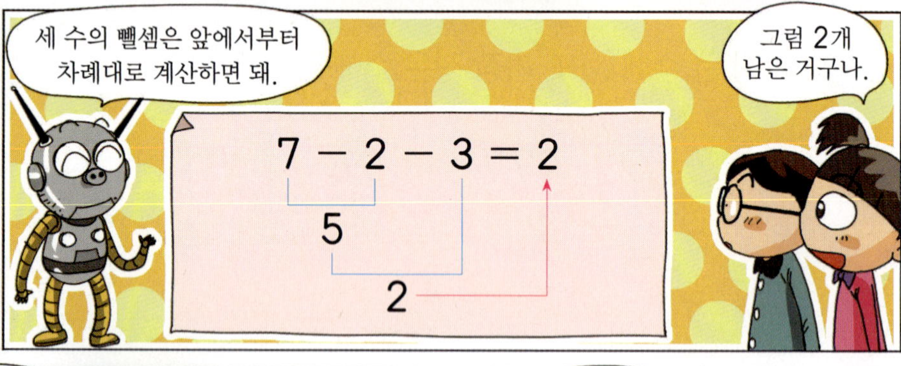

<table>
<tr><td>

이미 배운 내용

[1-1 덧셈과 뺄셈]
- 모으기와 가르기
- 덧셈하기, 뺄셈하기
- 0을 더하거나 빼기

</td><td>

이번에 **배울 내용**
- 한 자리 수인 세 수의 덧셈과 뺄셈
- 10이 되는 더하기
- 10에서 빼기
- 합이 10인 두 수를 이용한 세 수의 덧셈

</td><td>

앞으로 배울 내용

[1-2 덧셈과 뺄셈 (2)]
- (몇)+(몇)=(십몇)
- (십몇)−(몇)=(몇)

</td></tr>
</table>

1 모으기

☀ 모으기를 해 보시오.

1   [1]   [2] → [3]

1과 2를 모으면 3이 됩니다.

2 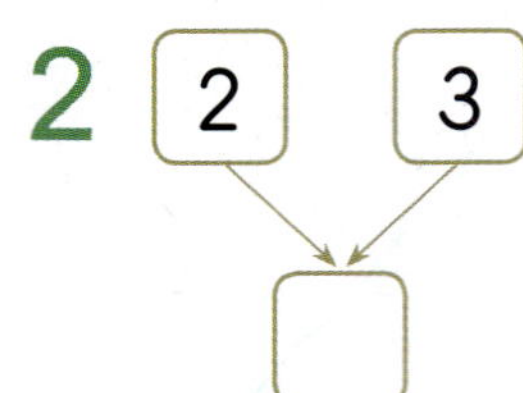

3 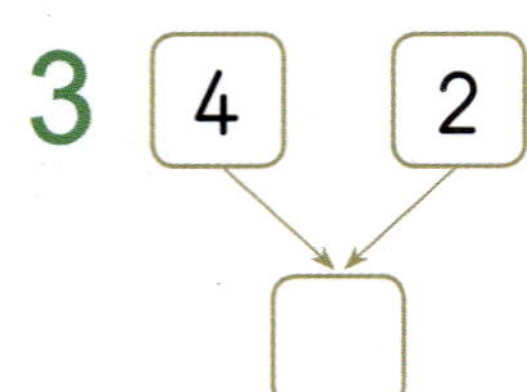

4 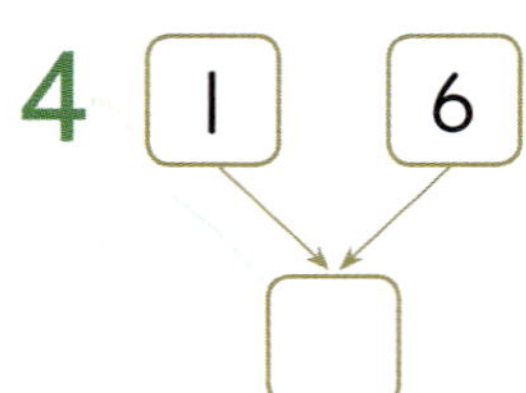

5 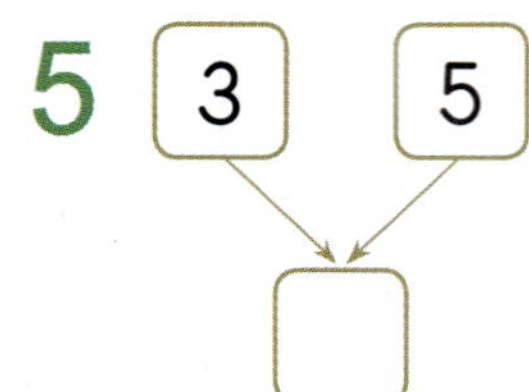

6 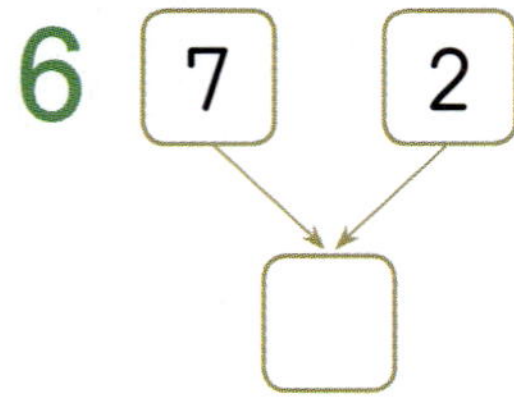

2 가르기

☀ 가르기를 해 보시오.

1   [2] → [1]   [1]

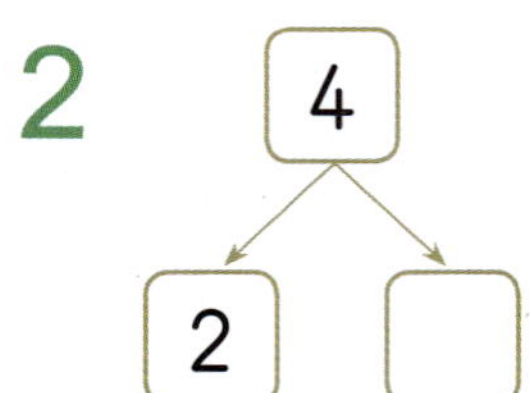

2는 1과 1로 가르기 할 수 있습니다.

2 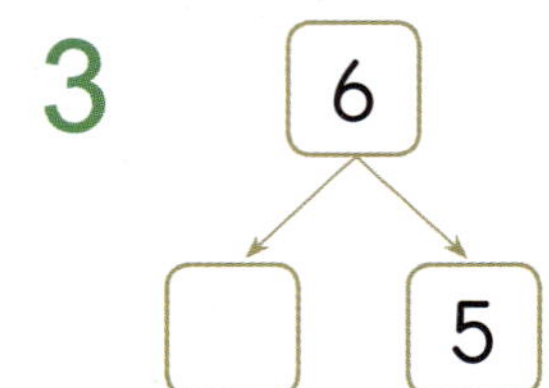

3 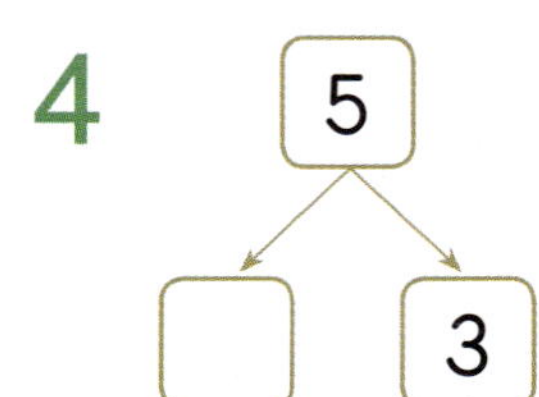

4 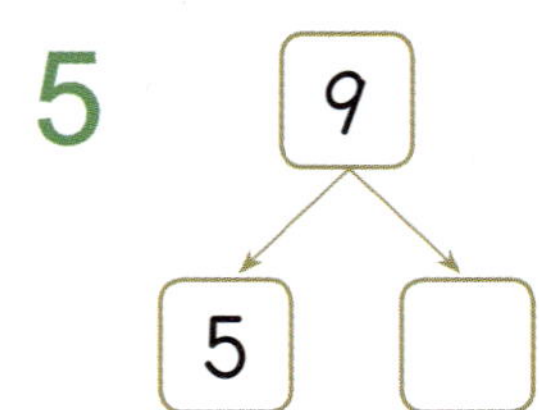

5 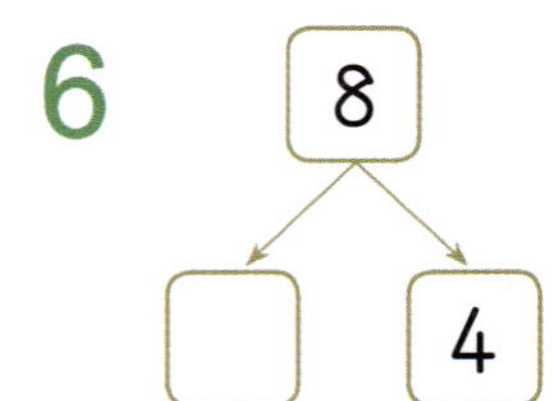

6   [8] → [   ]   [4]

☀ 덧셈을 하시오.

1 $1+1=\boxed{2}$

2 $5+1=\boxed{}$

3 $0+4=\boxed{}$

4 $3+2=\boxed{}$

5 $4+3=\boxed{}$

6 $2+6=\boxed{}$

7 $4+5=\boxed{}$

☀ 뺄셈을 하시오.

1 $3-2=\boxed{1}$

2 $4-1=\boxed{}$

3 $5-4=\boxed{}$

4 $6-6=\boxed{}$

5 $8-7=\boxed{}$

6 $7-5=\boxed{}$

7 $9-3=\boxed{}$

① 세 수의 덧셈 (1)

☀ 그림에 맞는 식을 만들고 계산해 보시오.

1

예 $1 + 3 + 2 = 6$

축구 공 수   농구 공 수   배구 공 수   전체 공 수

2

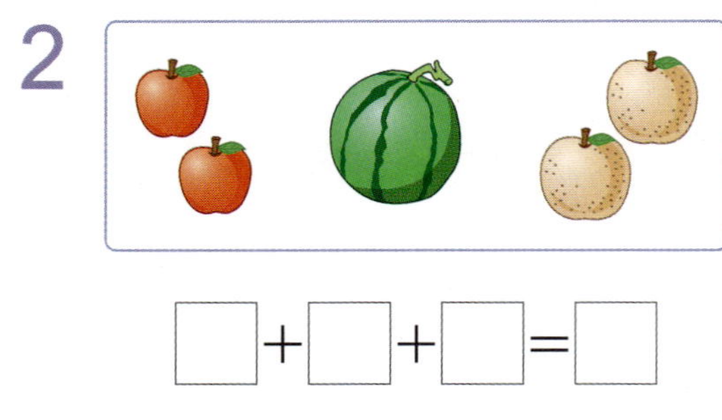

$\square + \square + \square = \square$

3

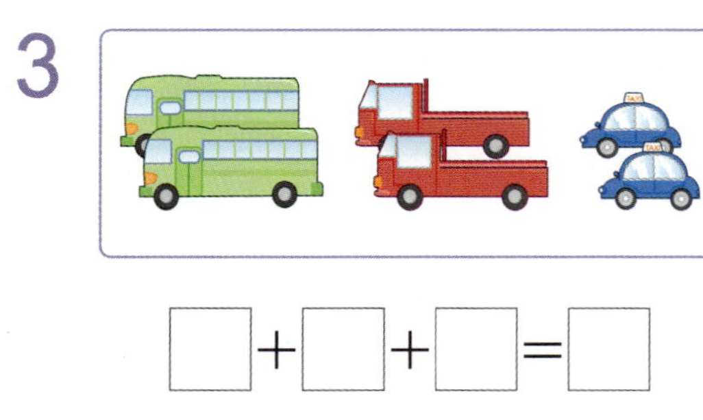

$\square + \square + \square = \square$

4

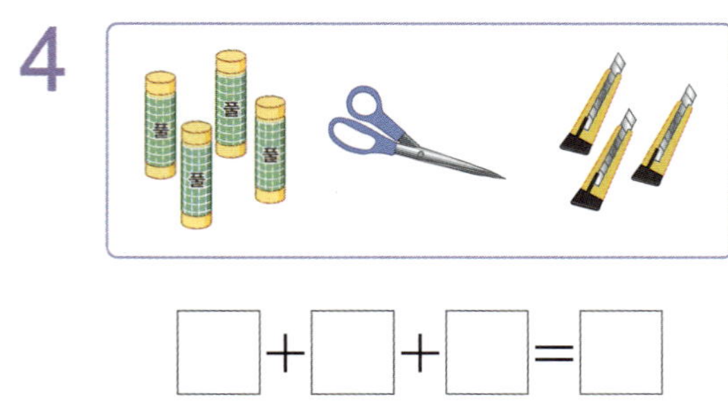

$\square + \square + \square = \square$

5

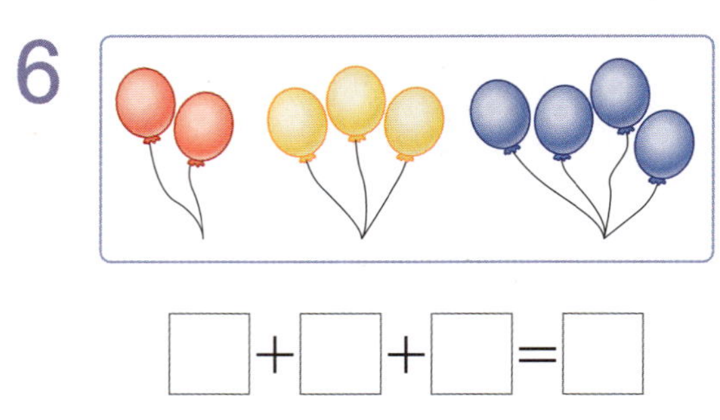

$\square + \square + \square = \square$

6

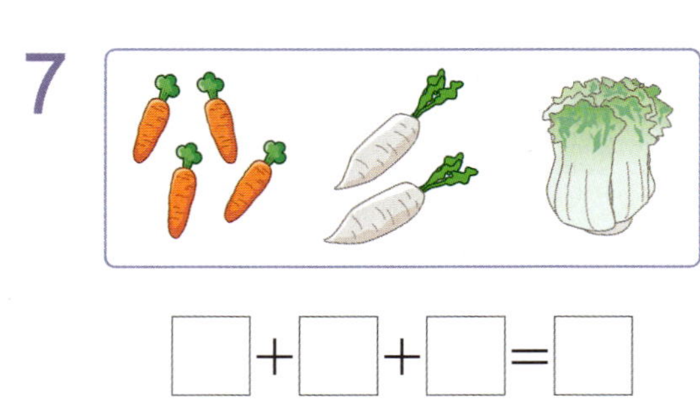

$\square + \square + \square = \square$

7

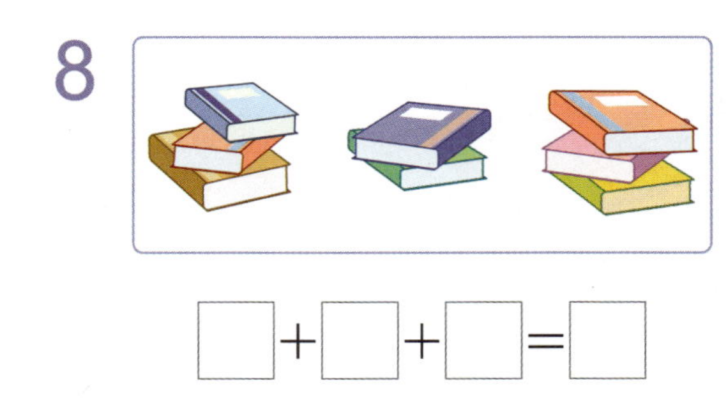

$\square + \square + \square = \square$

8

$\square + \square + \square = \square$

☀ □ 안에 알맞은 수를 써넣으시오.

1 1+2+3= 6

3

1+2=3

6

3+3=6

5 2+4+3=□

2 2+2+1=□

6 3+5+1=□

3 3+1+3=□

7 2+3+2=□

4 5+1+2=□

8 1+6+2=□

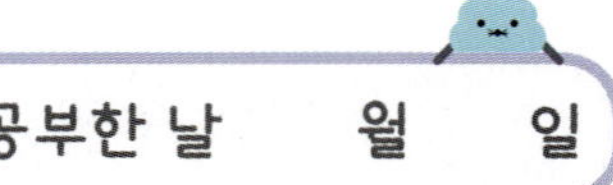

☀ 계산을 하시오.

1　$1+1+4=\boxed{6}$

2　$2+1+3=\boxed{}$

3　$1+4+2=\boxed{}$

4　$4+4+1=\boxed{}$

5　$2+4+2=\boxed{}$

6　$5+2+2=\boxed{}$

7　$2+3+3=\boxed{}$

8　$1+7+1=\boxed{}$

9　$2+2+3=\boxed{}$

10　$3+3+3=\boxed{}$

11　$6+1+1=\boxed{}$

12　$1+3+5=\boxed{}$

4 세 수의 뺄셈 (1)

☀ 그림에 맞는 식을 만들고 계산해 보시오.

1  

$4 - \boxed{2} - \boxed{1} = \boxed{1}$

또는 4−1−2=1

5 

$9 - \boxed{} - \boxed{} = \boxed{}$

2 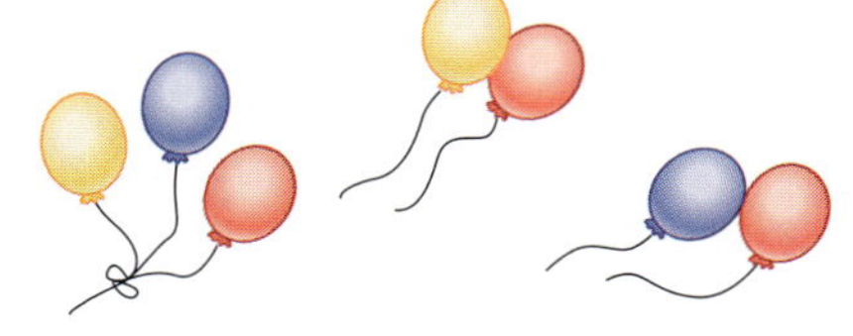

$7 - \boxed{} - \boxed{} = \boxed{}$

6 

$8 - \boxed{} - \boxed{} = \boxed{}$

3 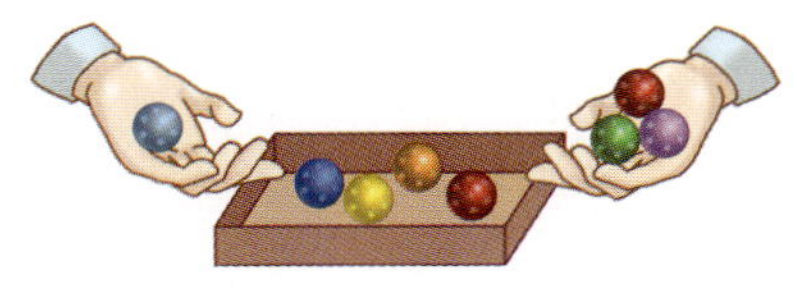

$8 - \boxed{} - \boxed{} = \boxed{}$

7 

$7 - \boxed{} - \boxed{} = \boxed{}$

4 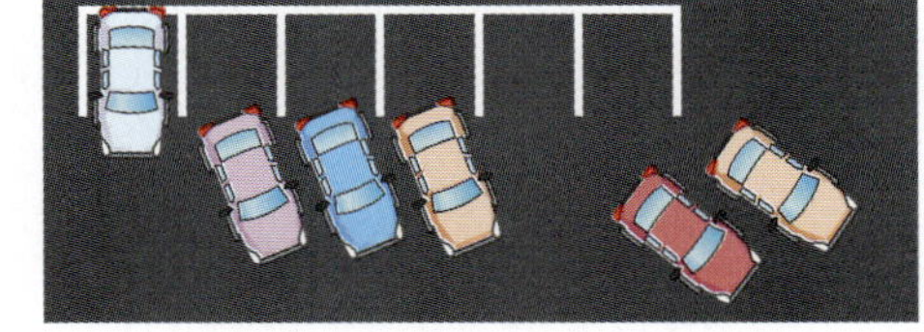

$6 - \boxed{} - \boxed{} = \boxed{}$

8 

$9 - \boxed{} - \boxed{} = \boxed{}$

5 세 수의 뺄셈 (2)

☀ □ 안에 알맞은 수를 써넣으시오.

1 $6 - 1 - 2 =$ 　3

　5
6−1=5
　3
5−2=3

5 $7 - 2 - 4 =$ □

2 $7 - 3 - 2 =$ □

6 $9 - 4 - 3 =$ □

3 $8 - 1 - 4 =$ □

7 $8 - 6 - 1 =$ □

4 $5 - 3 - 1 =$ □

8 $9 - 5 - 2 =$ □

6 세 수의 뺄셈 (3)

☀ 계산을 하시오.

1 $4-1-1=\boxed{2}$

2 $5-2-2=\boxed{}$

3 $7-5-1=\boxed{}$

4 $6-2-3=\boxed{}$

5 $8-4-3=\boxed{}$

6 $9-1-2=\boxed{}$

7 $6-1-4=\boxed{}$

8 $9-2-5=\boxed{}$

9 $8-1-2=\boxed{}$

10 $7-3-3=\boxed{}$

11 $9-6-2=\boxed{}$

12 $8-2-4=\boxed{}$

☀ 그림에 맞는 덧셈식을 만들어 보시오.

1 

$\boxed{7} + \boxed{3} = 10$

처음에 있던　더 날아온
새의 수　　　새의 수

2 

$\boxed{} + \boxed{} = 10$

3 

$\boxed{} + \boxed{} = 10$

4 

$\boxed{} + \boxed{} = 10$

5 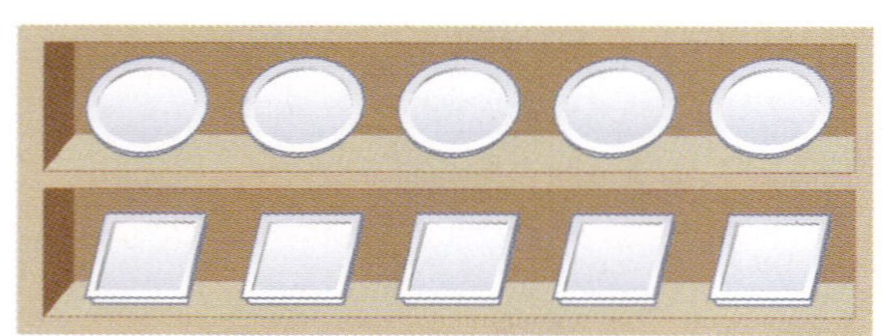

$\boxed{} + \boxed{} = 10$

8   10이 되는 더하기 (2)

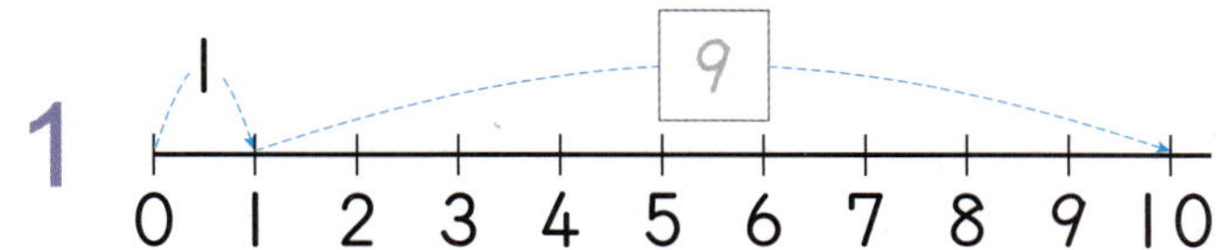

☀ □ 안에 알맞은 수를 써넣으시오.

1 $1 + \boxed{9} = 10$

2 $8 + \boxed{} = 10$

3 $4 + \boxed{} = 10$

4 $5 + \boxed{} = 10$

5 $7 + \boxed{} = 10$

2
덧셈과 뺄셈
(1)

9 10이 되는 더하기 (3)

☀ 합이 10이 되는 칸에 색칠해 보시오.

1

1+8	6+4	2+7	3+5

└ 1+8=9   └ 6+4=10   └ 2+7=9   └ 3+5=8

2

7+1	2+6	5+5	3+3

3

3+4	8+2	4+5	1+6

4

4+4	3+2	5+3	9+1

5

4+6	2+2	8+1	4+3

6

1+5	7+3	6+2	3+6

☀ □ 안에 알맞은 수를 써넣으시오.

1　8+ 2 =10

2　7+□=10

3　9+□=10

4　5+□=10

5　4+□=10

6　1+□=10

7　 5 +5=10

8　□+1=10

9　□+6=10

10　□+8=10

11　□+2=10

12　□+7=10

☀ 그림에 맞는 뺄셈식을 만들어 보시오.

1

$10 - \boxed{3} = \boxed{7}$

연못 밖으로　　남은
나간　　개구리 수
개구리 수

2

$10 - \boxed{} = \boxed{}$

3

$10 - \boxed{} = \boxed{}$

4

$10 - \boxed{} = \boxed{}$

5

$10 - \boxed{} = \boxed{}$

12 10에서 빼기 (2)

☀ 그림에 맞는 뺄셈식을 만들어 보시오.

1 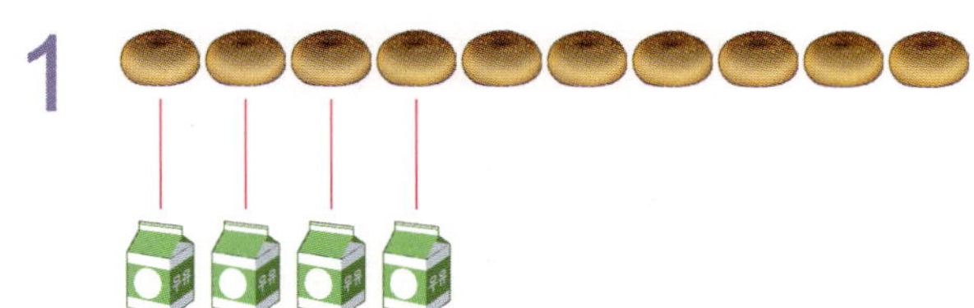

$$10 - \boxed{4} = \boxed{6}$$

빵의 수　우유의 수　짝짓고 남은 빵의 수

2 

$$10 - \boxed{} = \boxed{}$$

3 ☆ ☆ ☆ ☆ ☆ ☆ ☆ ☆ ☆ ☆

$$10 - \boxed{} = \boxed{}$$

4

$$10 - \boxed{} = \boxed{}$$

5

$$10 - \boxed{} = \boxed{}$$

2 덧셈과 뺄셈 (1)

13 10에서 빼기 (3)

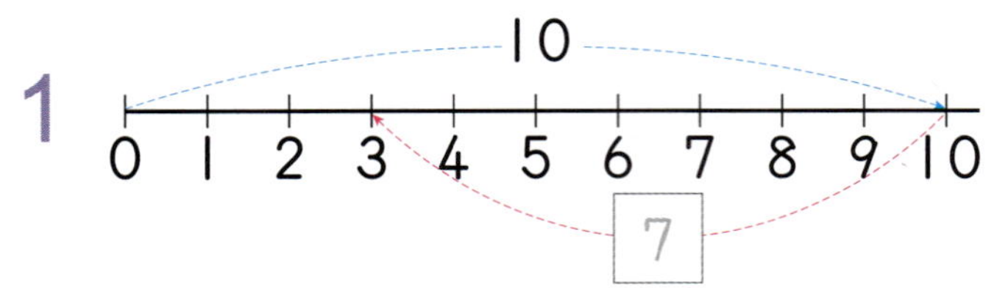

☀ □ 안에 알맞은 수를 써넣으시오.

1   10

$$10 - \boxed{7} = 3$$

2   10

$$10 - \boxed{} = 5$$

3   10

$$10 - \boxed{} = 1$$

4   10

$$10 - \boxed{} = 2$$

5   10

$$10 - \boxed{} = 6$$

☀ □ 안에 알맞은 수를 써넣으시오.

1 |0−2= 8

7 |0− 4 =6

2 |0−4=□

8 |0−□=9

3 |0−5=□

9 |0−□=7

4 |0−7=□

10 |0−□=2

5 |0−9=□

11 |0−□=5

6 |0−6=□

12 |0−□=8

2

덧셈과 뺄셈 ⑴

15 10을 만들어 더하기 (1)

☀ ☐ 안에 알맞은 수를 써넣으시오.

1 $5+5+4=\boxed{14}$

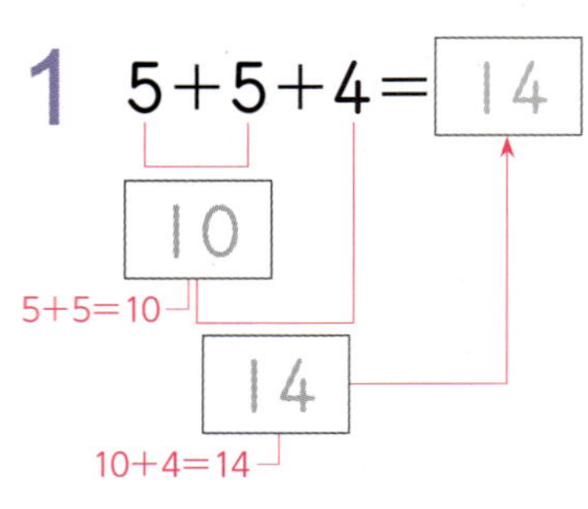

$\boxed{10}$
5+5=10
$\boxed{14}$
10+4=14

5 $2+8+7=\boxed{}$

2 $6+4+2=\boxed{}$

6 $9+1+6=\boxed{}$

3 $1+9+3=\boxed{}$

7 $3+7+8=\boxed{}$

4 $7+3+5=\boxed{}$

8 $4+6+9=\boxed{}$

16　10을 만들어 더하기 (2)

☀ 합이 10이 되는 두 수를 ◯로 묶고 합을 구하시오.

1　(1+9)+2 = | 2

2　2+8+4 =

3　6+4+7 =

4　5+5+3 =

5　3+7+1 =

6　4+6+8 =

7　3+7+6 =

8　9+1+4 =

9　5+5+7 =

10　8+2+5 =

11　6+4+3 =

12　7+3+9 =

17 10을 만들어 더하기 (3)

☀ □ 안에 알맞은 수를 써넣으시오.

1 $1+2+8=\boxed{11}$

$\boxed{10}$

└2+8=10

$\boxed{11}$

└1+10=11

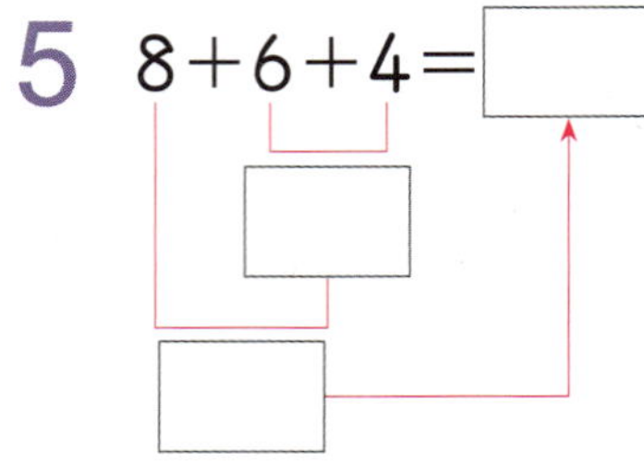

5 $8+6+4=\boxed{}$

2 $5+3+7=\boxed{}$

6 $9+8+2=\boxed{}$

3 $6+5+5=\boxed{}$

7 $4+7+3=\boxed{}$

4 $3+9+1=\boxed{}$

8 $7+4+6=\boxed{}$

18　10을 만들어 더하기 (4)

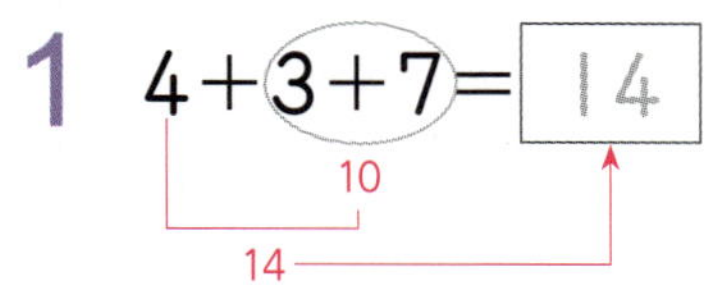

☀ 합이 10이 되는 두 수를 ◯로 묶고 합을 구하시오.

1　$4+3+7=\boxed{14}$

2　$5+9+1=\boxed{}$

3　$1+6+4=\boxed{}$

4　$3+2+8=\boxed{}$

5　$7+1+9=\boxed{}$

6　$9+5+5=\boxed{}$

7　$7+6+4=\boxed{}$

8　$8+7+3=\boxed{}$

9　$6+9+1=\boxed{}$

10　$2+5+5=\boxed{}$

11　$5+4+6=\boxed{}$

12　$6+8+2=\boxed{}$

2 덧셈과 뺄셈 (1)

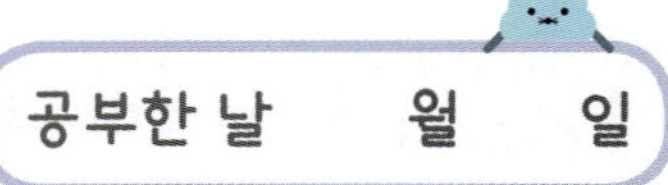

☀ □ 안에 알맞은 수를 써넣으시오.

1　$4+2+6=\boxed{12}$

$\boxed{10}$

$\boxed{12}$

5　$9+7+1=\boxed{}$

2　$3+4+7=\boxed{}$

6　$7+1+3=\boxed{}$

3　$5+3+5=\boxed{}$

7　$2+5+8=\boxed{}$

4　$8+6+2=\boxed{}$

8　$1+2+9=\boxed{}$

☀ **계산을 하시오.**

1　$5+1+5=\boxed{11}$

2　$3+9+7=\boxed{}$

3　$8+4+2=\boxed{}$

4　$6+5+4=\boxed{}$

5　$1+8+9=\boxed{}$

6　$4+2+6=\boxed{}$

7　$2+5+8=\boxed{}$

8　$4+3+6=\boxed{}$

9　$3+2+7=\boxed{}$

10　$5+8+5=\boxed{}$

11　$7+6+3=\boxed{}$

12　$9+7+1=\boxed{}$

2

덧셈과　뺄셈 (1)

1 ☐ 안에 알맞은 수를 써넣으시오.

(1) $1+2+5=$ ☐

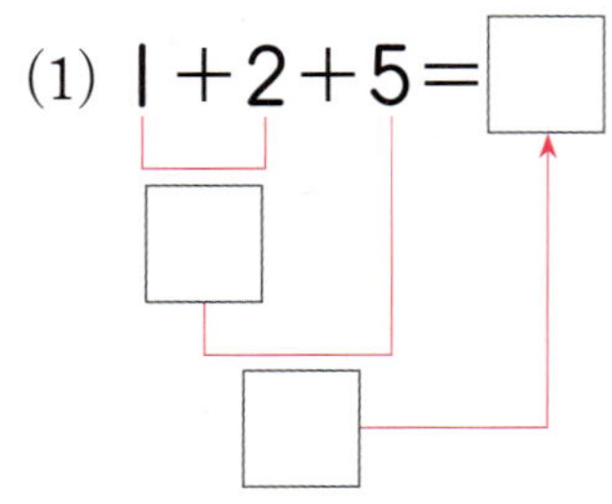

(2) $2+3+4=$ ☐

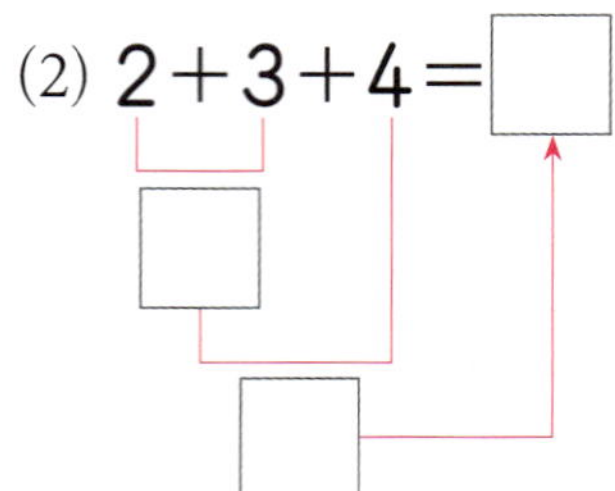

2 ☐ 안에 알맞은 수를 써넣으시오.

(1) $8-5-2=$ ☐

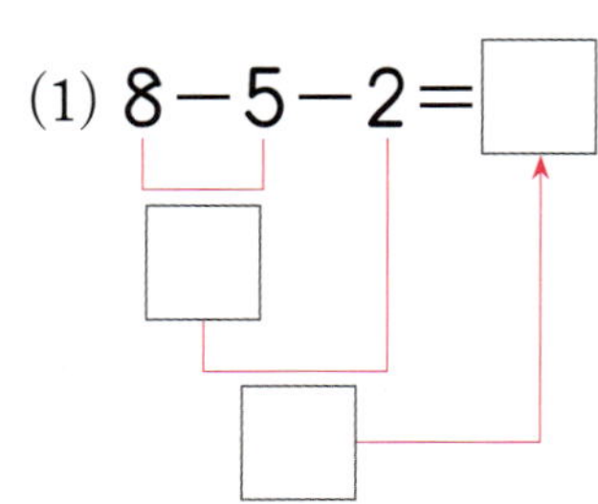

(2) $9-7-1=$ ☐

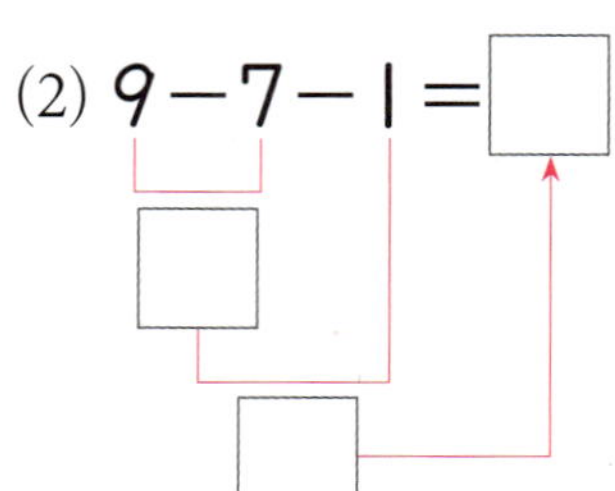

3 ☐ 안에 알맞은 수를 써넣으시오.

(1) $5+5+6=$ ☐

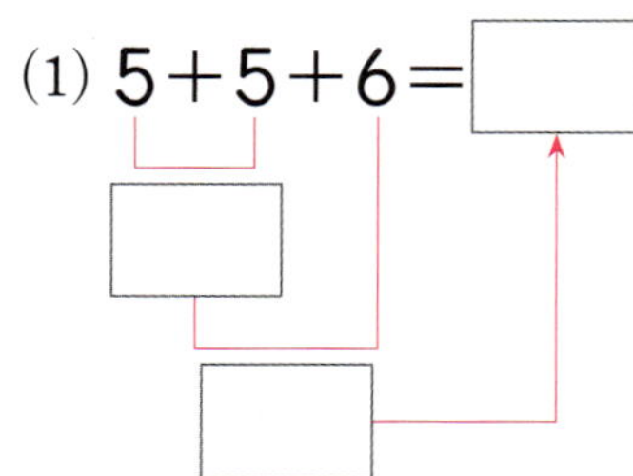

(2) $7+8+2=$ ☐

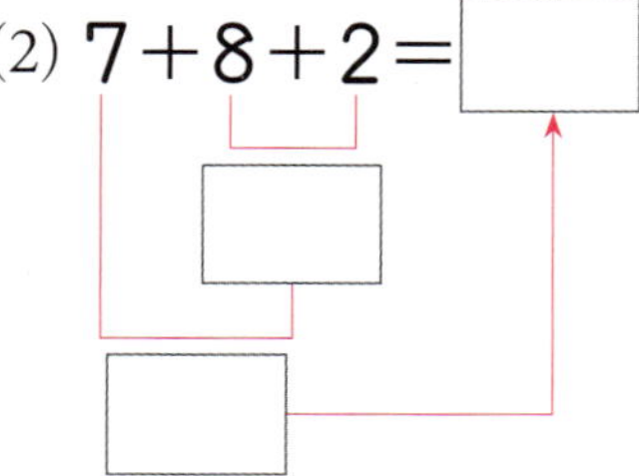

• 합이 10이 되는 두 수를 먼저 더하고 나머지 한 수를 더합니다.

4 계산을 하시오.

(1) $5+5=$ ☐

(2) $10-6=$ ☐

5 □ 안에 알맞은 수를 써넣으시오.

(1) $6+$□$=10$ (2) $10-$□$=3$

6 합이 10이 되는 것에 ◯표 하시오.

$$5+4 \qquad 2+8 \qquad 3+6$$

- 합을 각각 구하여 10이 되는 것을 찾아 봅니다.

7 합이 10이 되는 두 수를 ◯로 묶고 합을 구하시오.

(1) $1+9+4=$□   (2) $6+3+7=$□

- 합이 10이 되는 두 수는 1과 9, 2와 8, 3과 7, 4와 6, 5와 5입니다.

8 밤을 영아는 3개, 형주는 4개, 민기는 2개 먹었습니다. 세 사람이 먹은 밤은 모두 몇 개인지 하나의 식을 쓰고 답을 구하시오.

- 세 수의 덧셈식을 만들어 봅니다.

식 ________________   답 ________________

2 덧셈과 뺄셈 (1)

3 모양과 시각

제3화 여러 가지 모양의 쿠키

이미 배운 내용

[1-1 여러 가지 모양]
· ▨, ▥, ● 모양 찾기
· ▨, ▥, ● 모양 알아보기
· ▨, ▥, ● 모양으로 만들기

이번에 배울 내용
· 여러 가지 모양 찾아 보기
· 여러 가지 모양 알아보기
· 여러 가지 모양 만들기
· '몇 시', '몇 시 30분' 알아보기
· 생활에서 시각 말하기

앞으로 배울 내용

[2-1 여러 가지 도형]
· 원, 삼각형, 사각형 알아보기
· 칠교판으로 모양 만들기
· 똑같은 모양으로 쌓기
[2-2 시각과 시간]
· '몇 시 몇 분' 알기

어떡해. 미술 숙제가 망가졌어.
어쩌지?
앙~

형이 여러 가지 모양으로 우주선을 만들어 줬는데……
어떡하냐~
엉
엉

괜찮아. 여러 가지 모양들로 우주선 말고도 다른 것도 만들 수 있어.

정말?
어때? 로봇, 게, 꽃이야.

와~ 신기하다.
다른 것도 만들 수 있어.

그럼 우주선도 만들 수 있어?
그럼.

척
와~ 우주선이다.

대단한데~ 그럼 내 얼굴도 만들 수 있어?

음~ 어때?
짜잔~
……

이게 뭐야!!
왜? 똑같잖아!
흠…… 보물 …… 찾으러 안 갈거야?
티격 태격

배운 것 확인하기

1 , , 모양 찾기

☀ 모양에 □표, 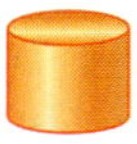 모양에 △표, 모양에 ○표 하시오.

1 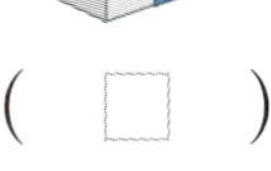

(□)

2 

(   )

3 

(   )

4 

(   )

5 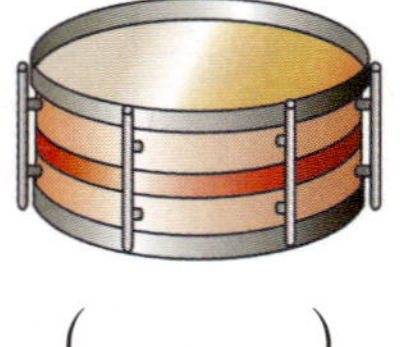

(   )

2 일부분을 보고 모양 알아맞히기

☀ 일부분을 보고 알맞은 모양을 찾아 이어 보시오.

1

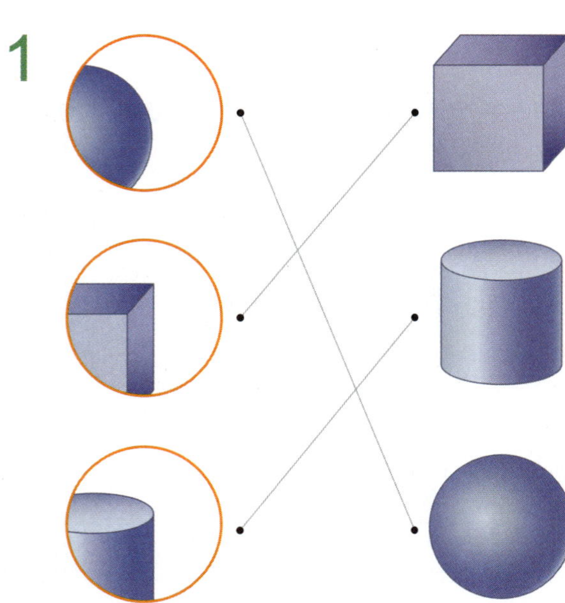

2

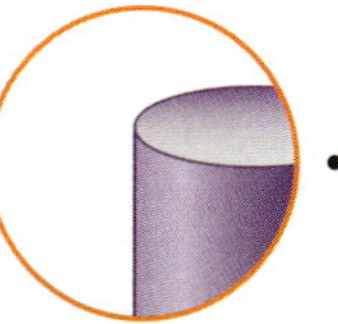 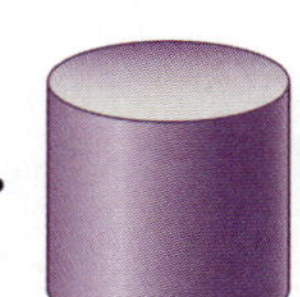

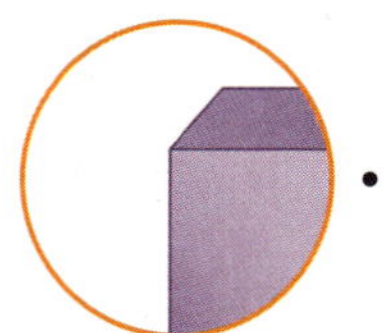 

 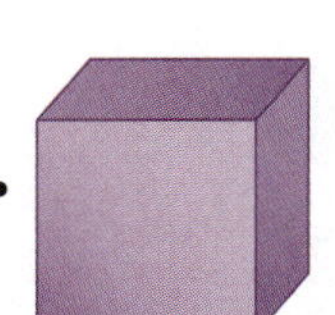

☀ 설명에 맞는 모양을 찾아 ○표 하시오.

1

뾰족한 부분이 있습니다.

2

평평한 부분도 있고 둥근 부분도 있습니다.

3

모든 부분이 평평해서 잘 쌓을 수 있습니다.

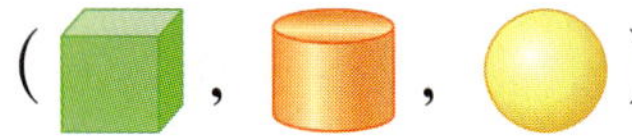

4

모든 부분이 다 둥글어서 잘 굴러 갑니다.

☀ 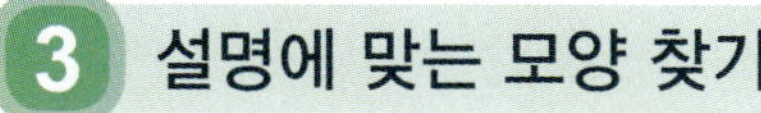 모양을 각각 몇 개 사용했는지 세어 보시오.

1

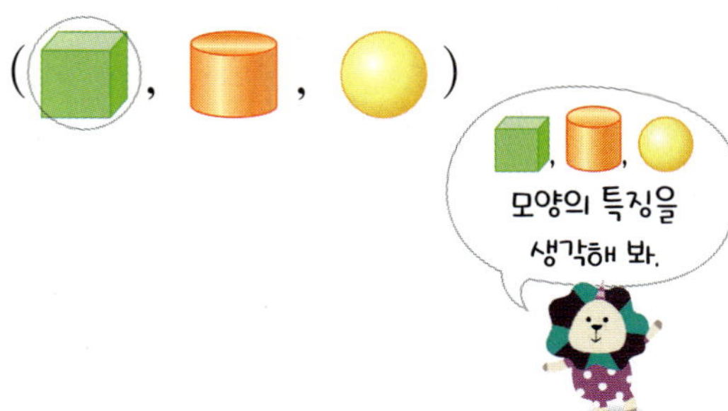

모양 : 2 개
모양 : 1 개
모양 : 2 개

2

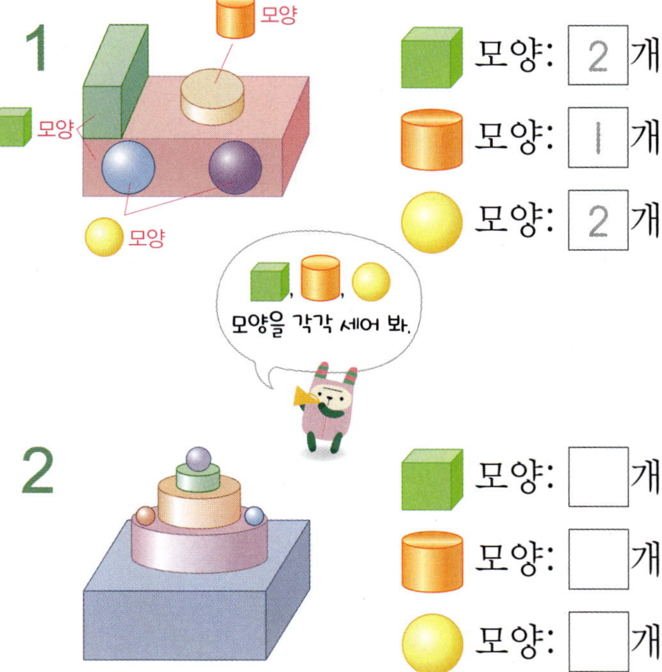

모양 : 개
모양 : 개
모양 : 개

3

모양 : 개
모양 : 개
모양 : 개

4

모양 : 개
모양 : 개
모양 : 개

☀ ☐ 모양에 ○표 하시오.

1 

(○)

5 
(　)

9 
(　)

2
(　)

6
(　)

10 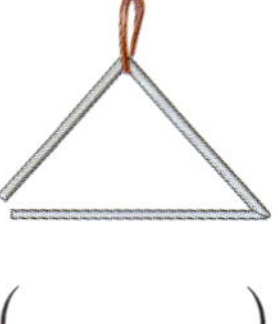
(　)

3 
(　)

7 
(　)

11 
(　)

4 
(　)

8 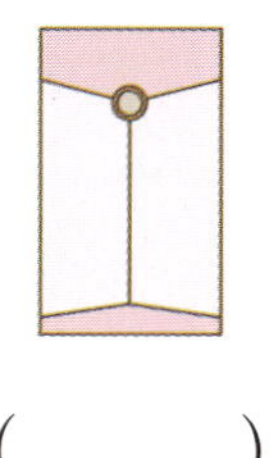
(　)

12 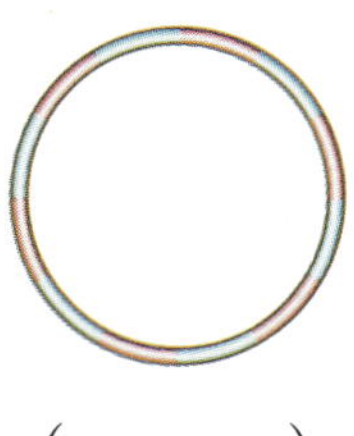
(　)

② △ 모양 찾기

☀ △ 모양에 ◯표 하시오.

1   (◯)

2   (   )

3   (   )

4   (   )

5   (   )

6   (   )

7   (   )

8   (   )

9   (   )

10   (   )

11   (   )

12   (   )

3 모양과 시각

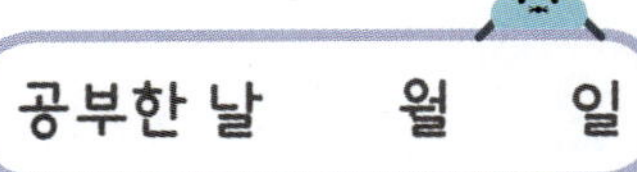

☀ ● 모양에 ○표 하시오.

1 

(○)

5 

( )

9 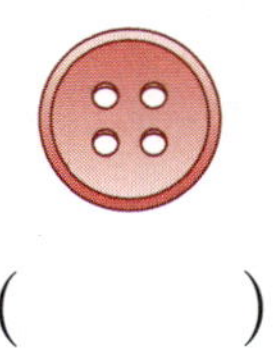
( )

2 
( )

6 
( )

10 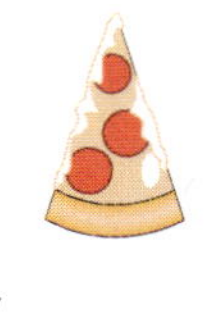
( )

3 
( )

7 
( )

11 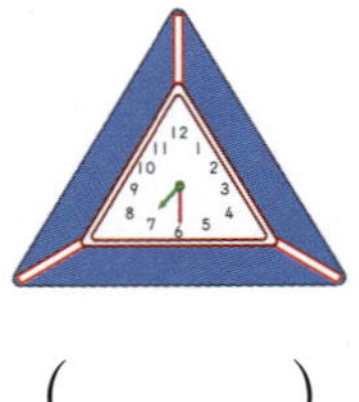
( )

4 
( )

8 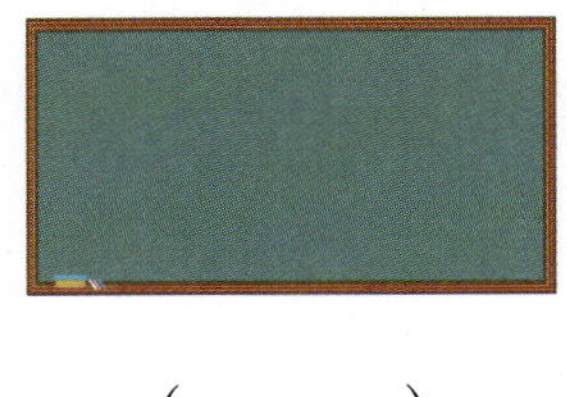
( )

12
( )

4 ▢, △, ◯ 모양 알아보기

☀ 알맞은 모양을 찾아 이어 보시오.

1

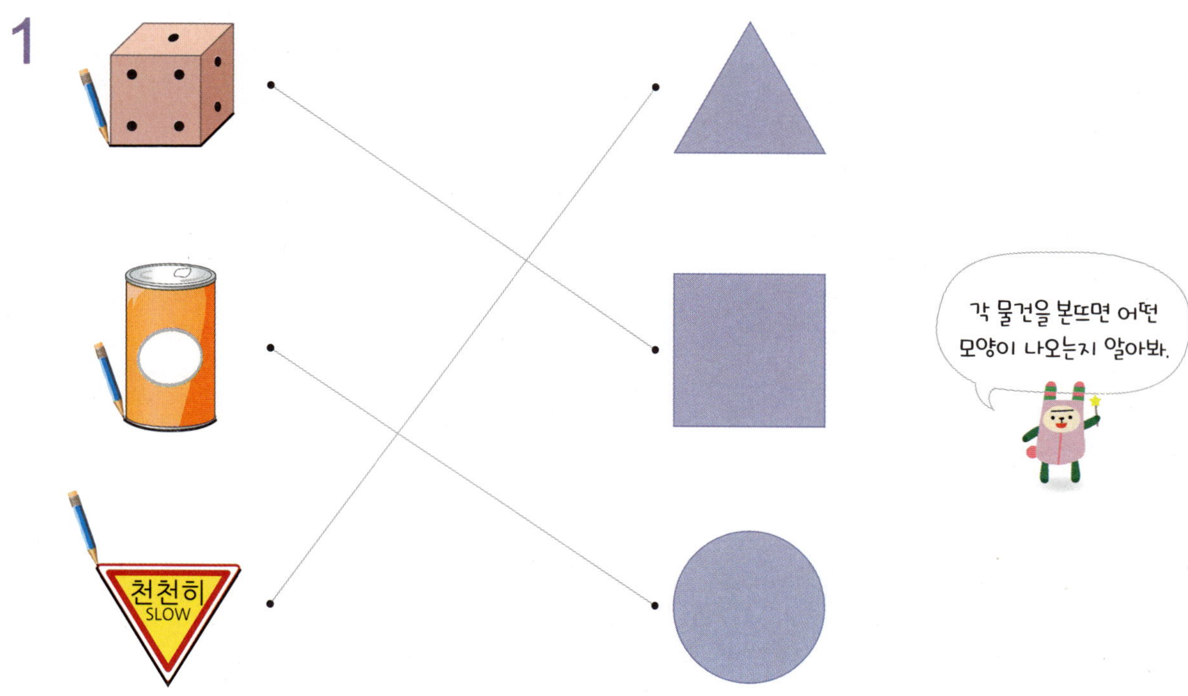

2

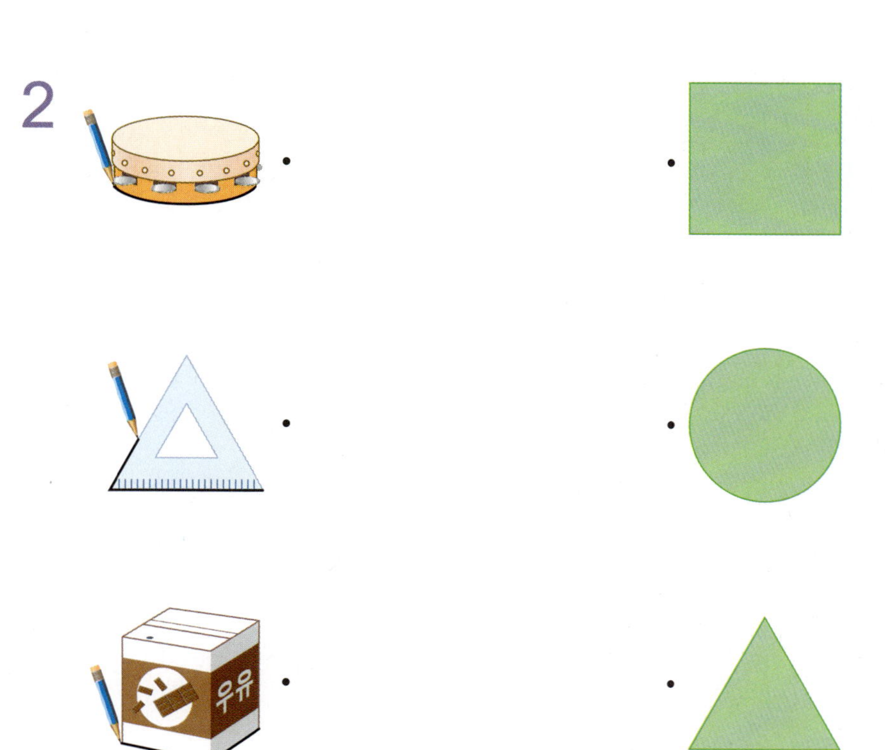

5 ⬜, 🔺, 🟢 모양의 수 구하기

✸ ⬜, 🔺, 🟢 모양을 각각 몇 개 사용했는지 세어 보시오.

1

⬜ 모양	🔺 모양	🟢 모양
2개	1개	4개

2

⬜ 모양	🔺 모양	🟢 모양

3

⬜ 모양	🔺 모양	🟢 모양

4

⬜ 모양	🔺 모양	🟢 모양

6 ▢, △, ● 모양 수에 맞는 모양 찾기

☀ 주어진 모양을 모두 사용하여 만들 수 있는 모양에 ○표 하시오.

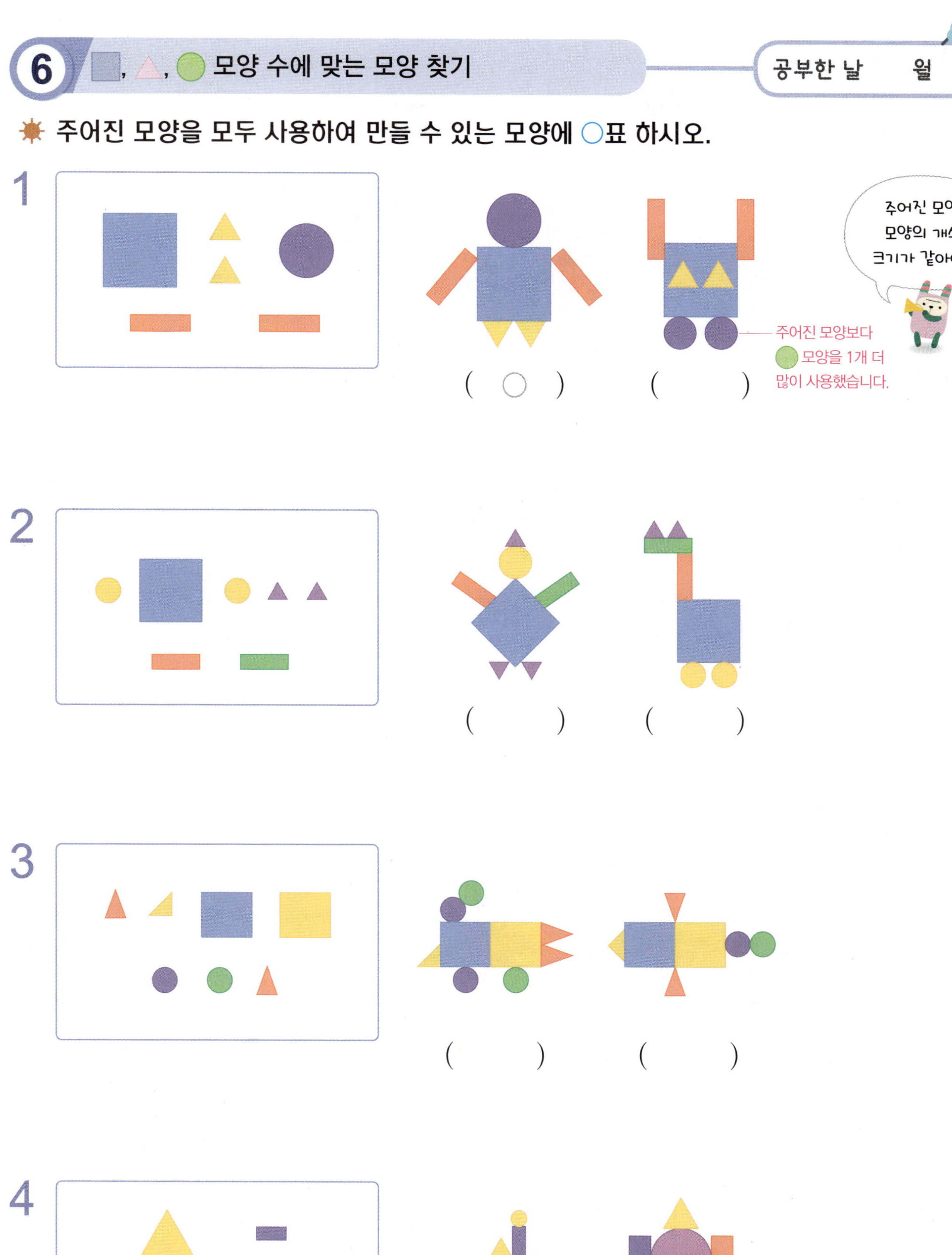

1 (○)   ( )

2 ( )   ( )

3 ( )   ( )

4 ( )   ( )

☀ 시각을 쓰고 읽어 보시오.

1

쓰기　9시 ┌짧은바늘이 9,
　　　　긴바늘이 12를
　　　　가리키므로 9시입니다.

읽기　아홉 시

2

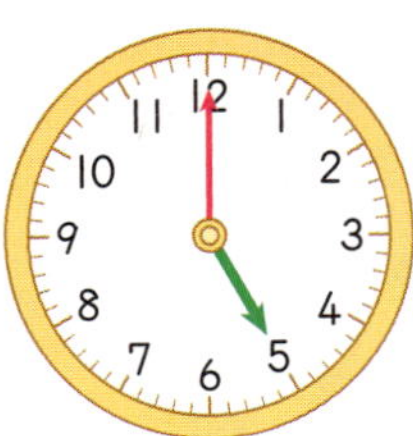

쓰기 ________________

읽기 ________________

3

쓰기 ________________

읽기 ________________

4

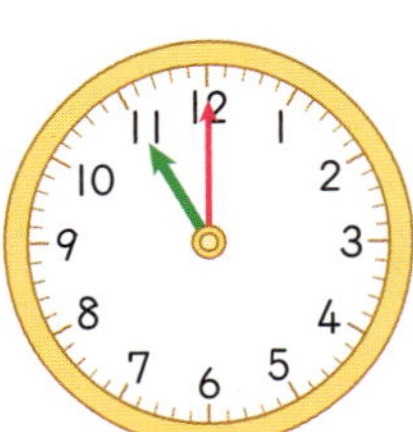

쓰기 ________________

읽기 ________________

5

쓰기 ________________

읽기 ________________

6

쓰기 ________________

읽기 ________________

7

쓰기 ________________

읽기 ________________

8

쓰기 ________________

읽기 ________________

☀ 같은 시각끼리 이어 보시오.

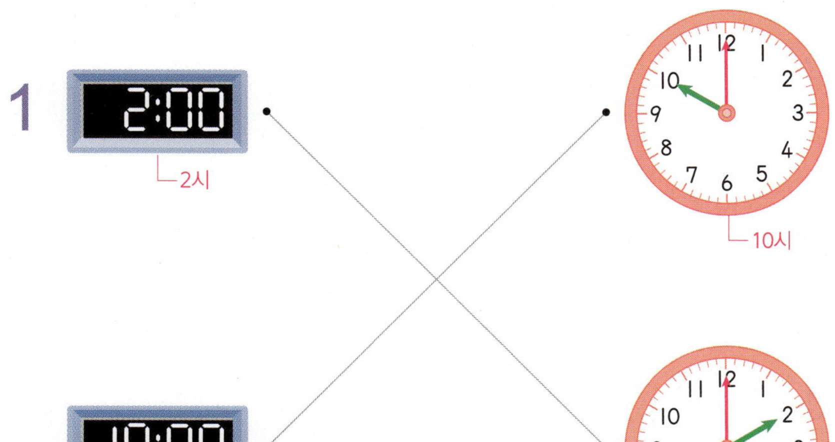

2

9 몇 시 알아보기 (3)

☀ 시곗바늘을 그려 넣고, 시각을 써 보시오.

1
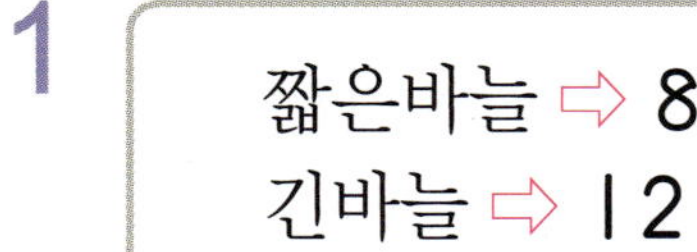
짧은바늘 ⇨ 8
긴바늘 ⇨ 12

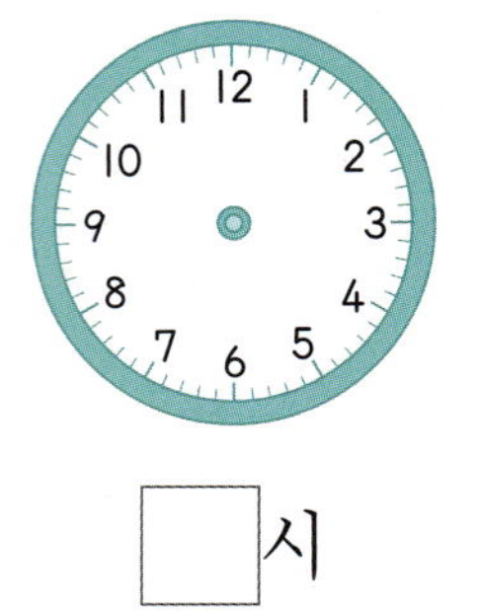

8 시

4
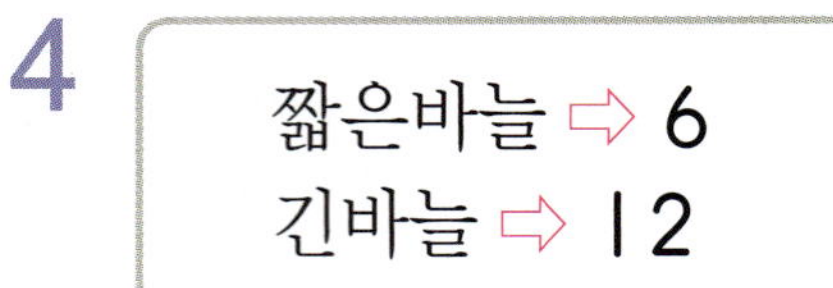
짧은바늘 ⇨ 6
긴바늘 ⇨ 12

☐ 시

2
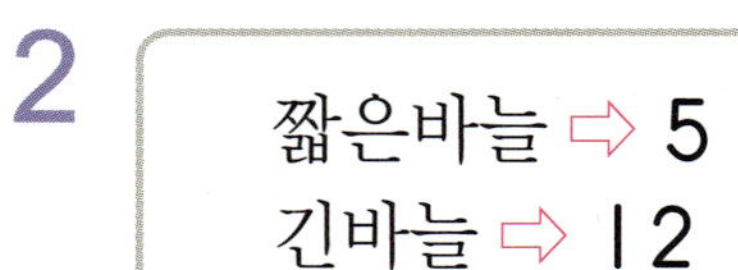
짧은바늘 ⇨ 5
긴바늘 ⇨ 12

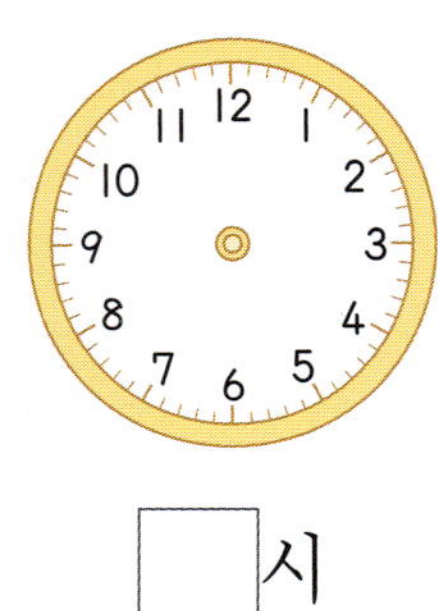

☐ 시

5
짧은바늘 ⇨ 2
긴바늘 ⇨ 12

☐ 시

3
짧은바늘 ⇨ 3
긴바늘 ⇨ 12

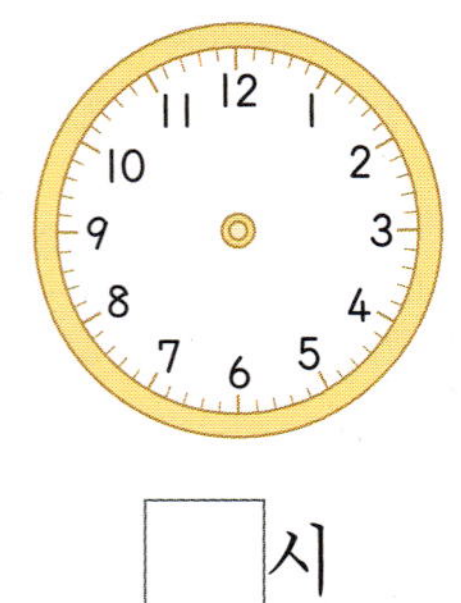

☐ 시

6
짧은바늘 ⇨ 11
긴바늘 ⇨ 12

☐ 시

10 몇 시 나타내기

☀ **시각에 알맞게 시곗바늘을 그려 넣으시오.**

1 4시

4시는 짧은바늘이 4, 긴바늘이 12를
가리키도록 그립니다.

5 1:00 —1시

2 10시

6 5:00

3 7시

7 8:00

4 9시

8 12:00

3 모양과 시각

☀ 시각을 쓰고 읽어 보시오.

1

쓰기　2시 30분

읽기　두 시 삼십 분

2

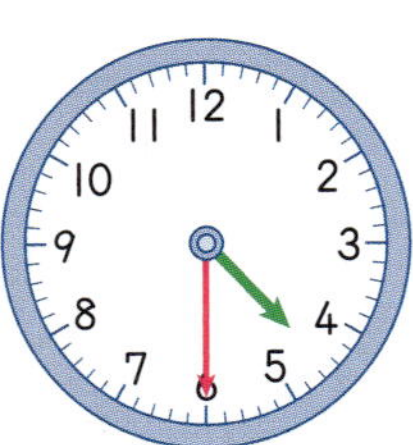

쓰기

읽기

3

쓰기

읽기

4

쓰기

읽기

5

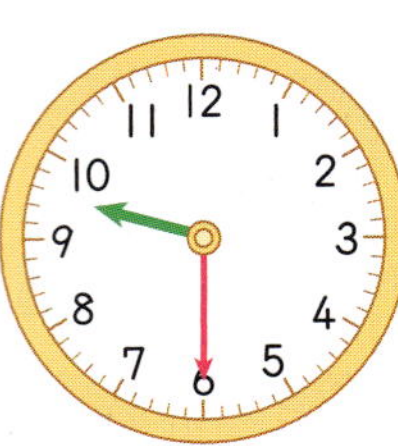

쓰기

읽기

6

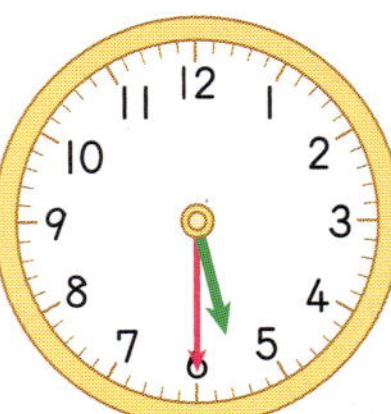

쓰기

읽기

7

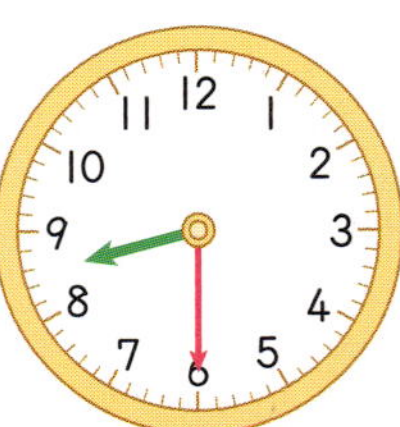

쓰기

읽기

8

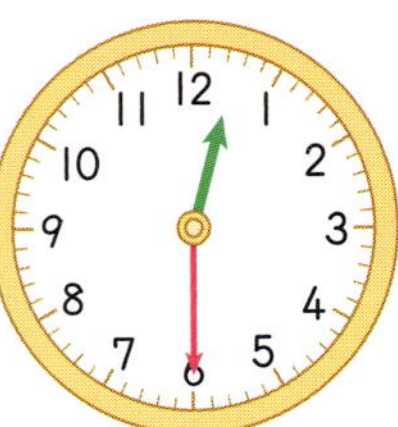

쓰기

읽기

☀ 같은 시각끼리 이어 보시오.

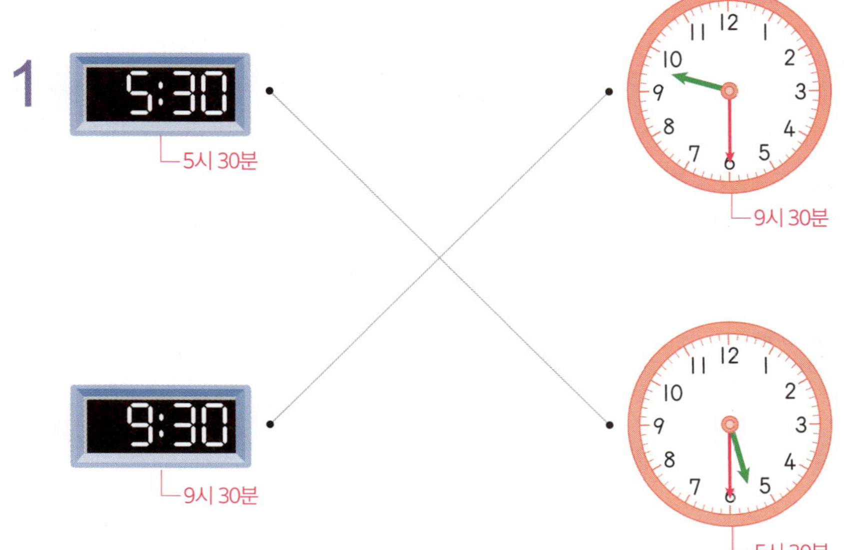

1

2 

☀ 시곗바늘을 그려 넣고, 시각을 써 보시오.

1

짧은바늘 ⇨ 4와 5의 가운데
긴바늘 ⇨ 6

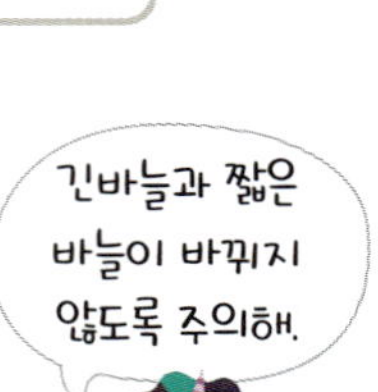

4 시 30 분

4

짧은바늘 ⇨ 6과 7의 가운데
긴바늘 ⇨ 6

☐ 시 ☐ 분

2

짧은바늘 ⇨ 8과 9의 가운데
긴바늘 ⇨ 6

☐ 시 ☐ 분

5

짧은바늘 ⇨ 12와 1의 가운데
긴바늘 ⇨ 6

☐ 시 ☐ 분

3

짧은바늘 ⇨ 10과 11의 가운데
긴바늘 ⇨ 6

☐ 시 ☐ 분

6

짧은바늘 ⇨ 2와 3의 가운데
긴바늘 ⇨ 6

☐ 시 ☐ 분

14 몇 시 30분 나타내기

☀ 시각에 알맞게 시곗바늘을 그려 넣으시오.

1 3시 30분

└ 3시 30분은 짧은바늘이 3과 4의 가운데,
긴바늘이 6을 가리키도록 그립니다.

2 9시 30분

3 11시 30분

4 5시 30분

5 4:30 ─4시 30분

6 10:30

7 6:30

8 12:30

3
모양과 시각

1 모양이 같은 것끼리 이어 보시오.

·   ·   ·

·   ·   ·

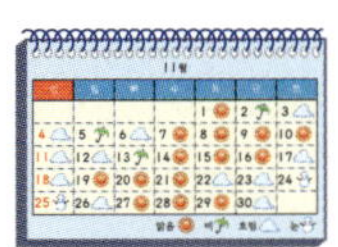  

2 다음에서 설명하는 모양에 ○표 하시오.

뾰족한 부분이 한 군데도 없습니다.

(■ , ▲ , ●)

· ■, ▲, ● 모양의 특징을 생각해 봅니다.

3 시각을 써 보시오.

(1) 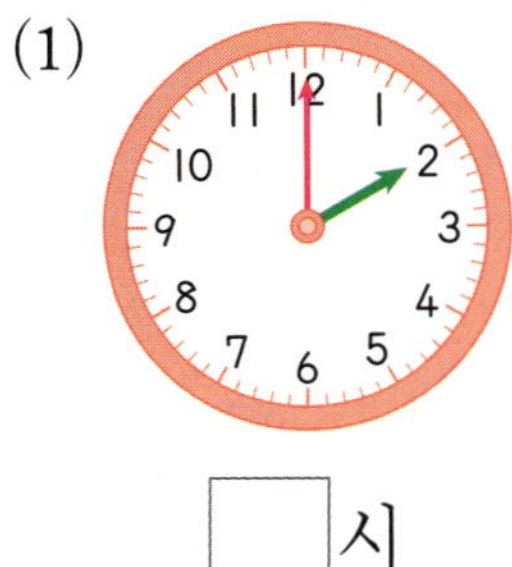

(2)

☐ 시

☐ 시 ☐ 분

· 긴바늘이 12를 가리키면 '몇 시'이고 6을 가리키면 '몇 시 30분'입니다.

4 가운데 시계와 같은 시각을 나타낸 것에 ○표 하시오.

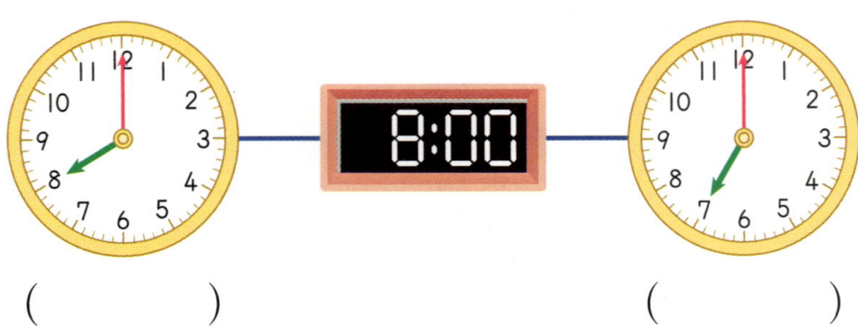

(   )   (   )

· 디지털시계에서 : 앞에 있는 숫자는 '시'를, 뒤에 있는 숫자는 '분'을 나타냅니다.

5 시각에 알맞게 시곗바늘을 그려 넣으시오.

(1) ┌─ 3시 ─┐ (2) ┌─ 7시 30분 ─┐

- 긴바늘과 짧은바늘을 바꾸어 그리지 않도록 주의합니다.

6 🟦, 🔺, 🟢 모양을 각각 몇 개 사용했는지 세어 보시오.

🟦 모양 (   )

🔺 모양 (   )

🟢 모양 (   )

7 주어진 모양을 모두 사용하여 만들 수 있는 모양에 ◯표 하시오.

(   )   (   )

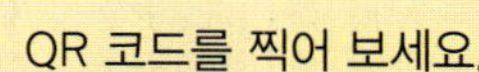

- 모양의 개수와 크기에 주의하여 주어진 모양을 모두 사용하여 만든 모양을 찾아 봅니다.

3

모양과 시각

QR 코드를 찍어 보세요.

[문제 생성기] 새로운 문제를 계속 풀 수 있어요.

[학습 게임] 재미있는 학습 게임을 할 수 있어요.

4 덧셈과 뺄셈 (2)

제4화 보물 찾기 모험은 꿈 같아!!

<table>
<tr><td>

이미 배운 내용

[1-2 덧셈과 뺄셈 (1)]
· 한 자리 수인 세 수의 덧셈과 뺄셈
· 10이 되는 더하기
· 10에서 빼기

</td><td>

이번에 배울 내용

· 이어 세기로 두 수를 바꾸어 더하기
· 10을 이용한 수의 합성과 분해
· (몇)+(몇)=(십몇)
· (십몇)-(몇)=(몇)

</td><td>

앞으로 배울 내용

[1-2 덧셈과 뺄셈 (3)]
· (두 자리 수)+(한 자리 수)
· (두 자리 수)+(두 자리 수)
· (두 자리 수)-(한 자리 수)
· (두 자리 수)-(두 자리 수)

</td></tr>
</table>

배운 것 확인하기

1 세 수의 덧셈과 뺄셈

☀ 계산을 하시오.

1 $1+3+2=\boxed{6}$

2 $2+4+1=\boxed{}$

3 $3+1+5=\boxed{}$

4 $7-1-4=\boxed{}$

5 $8-2-3=\boxed{}$

6 $9-6-2=\boxed{}$

2 10이 되는 더하기

☀ ☐ 안에 알맞은 수를 써넣으시오.

1 $7+\boxed{3}=10$

2 $4+\boxed{}=10$

3 $9+\boxed{}=10$

4 $\boxed{}+2=10$

5 $\boxed{}+5=10$

6 $\boxed{}+4=10$

☀ □ 안에 알맞은 수를 써넣으시오.

1 $10-6=\boxed{4}$

2 $10-2=\square$

3 $10-7=\square$

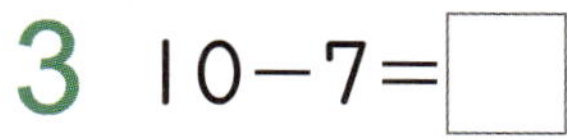

4 $10-\square=9$

5 $10-\square=7$

6 $10-\square=5$

☀ 합이 10이 되는 두 수를 ◯로 묶고 합을 구하시오.

1 $1+9+4=\boxed{14}$

2 $5+5+7=\square$

3 $8+2+6=\square$

4 $4+7+3=\square$

5 $5+6+4=\square$

6 $7+9+1=\square$

4

덧셈과 뺄셈 (2)

1 두 수 더하기 (1)

☀ 그림을 보고 □ 안에 알맞은 수를 써넣고 두 수를 더해 보시오.

1 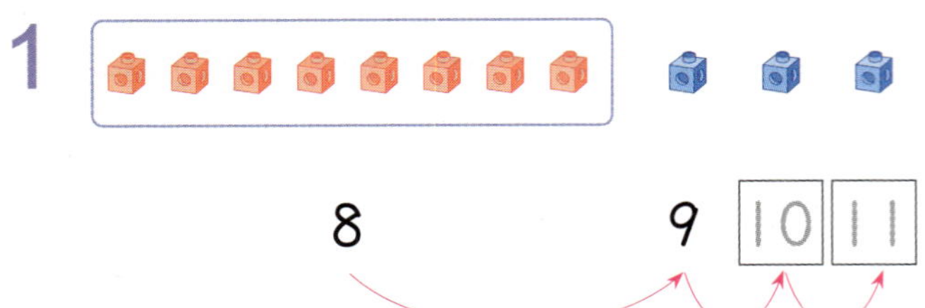 $8+3=\boxed{11}$

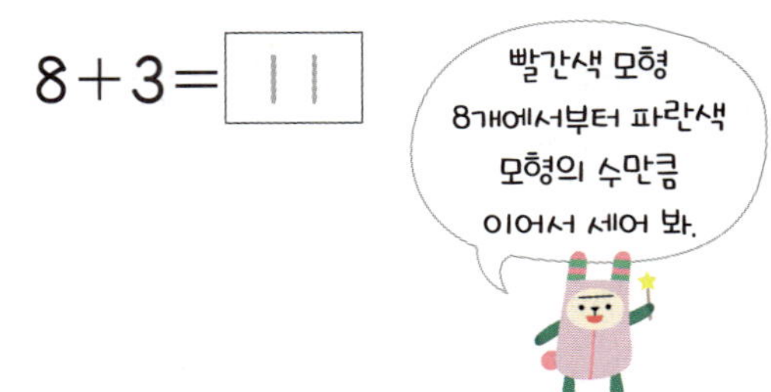

8   9 $\boxed{10}$ $\boxed{11}$

2 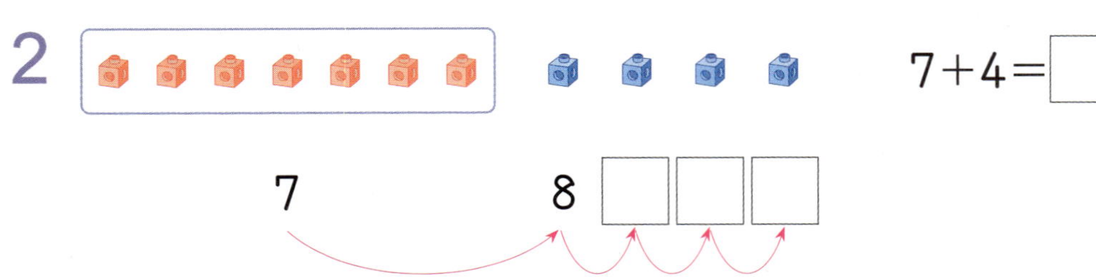 $7+4=\boxed{}$

7   8 $\boxed{}$ $\boxed{}$ $\boxed{}$

3 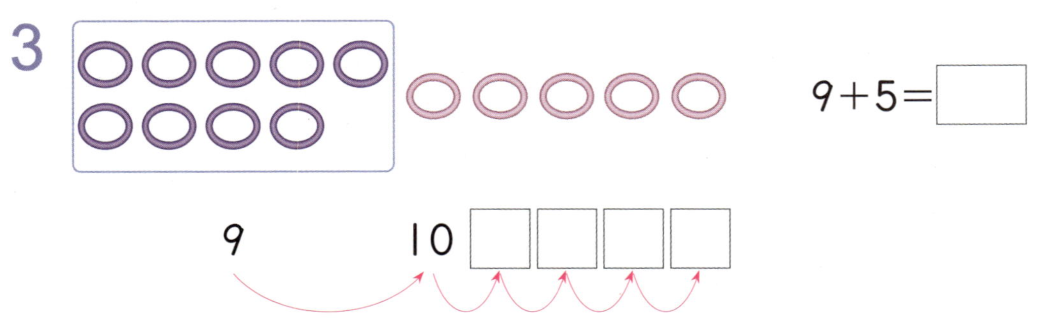 $9+5=\boxed{}$

9   10 $\boxed{}$ $\boxed{}$ $\boxed{}$ $\boxed{}$

4 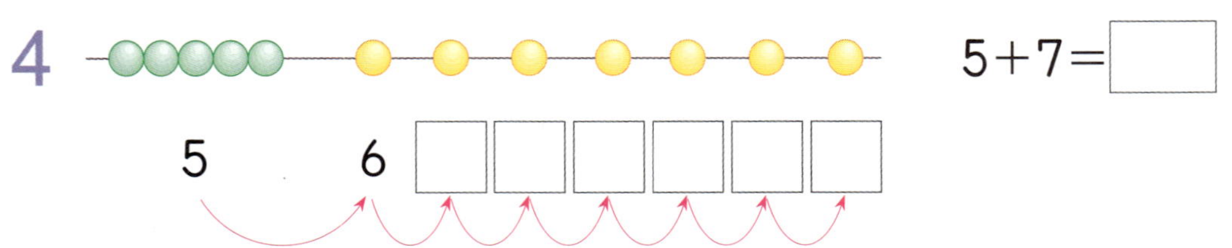 $5+7=\boxed{}$

5   6 $\boxed{}$ $\boxed{}$ $\boxed{}$ $\boxed{}$ $\boxed{}$ $\boxed{}$

2 두 수 더하기 (2)

☀ 그림을 보고 두 수를 더해 보시오.

1

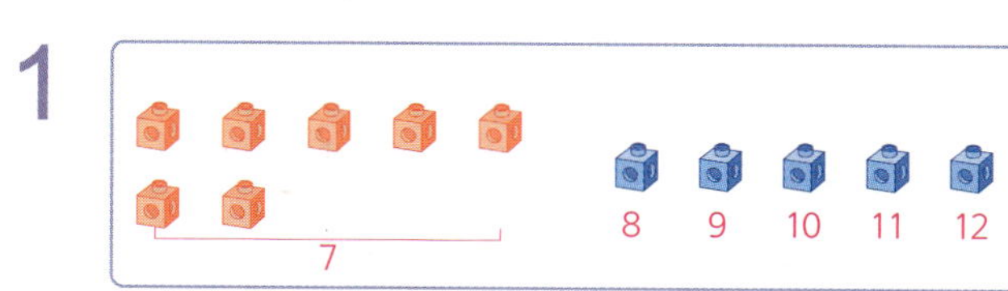

$7+5=\boxed{12}$

$5+7=\boxed{12}$

2

$7+8=\boxed{}$

$8+7=\boxed{}$

3

$9+4=\boxed{}$

$4+9=\boxed{}$

4

덧셈과 뺄셈 (2)

3 10을 이용하여 모으기

☀ 10을 이용하여 모으기를 해 보시오.

1 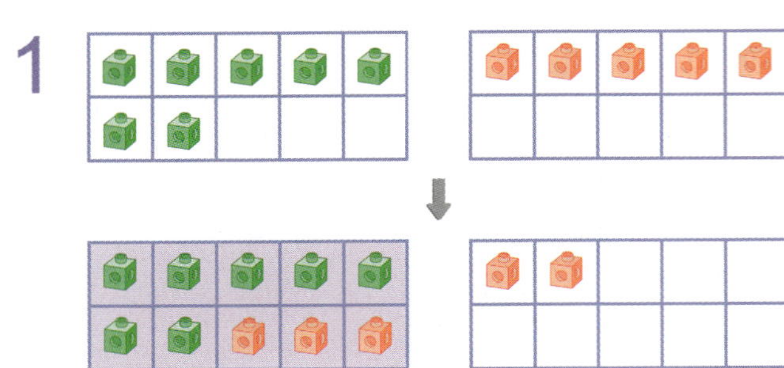

└ 7과 5를 모으기 하면 12가 됩니다.

2 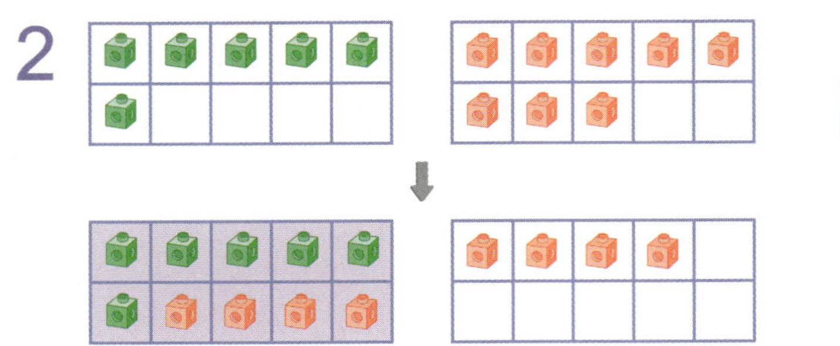

3 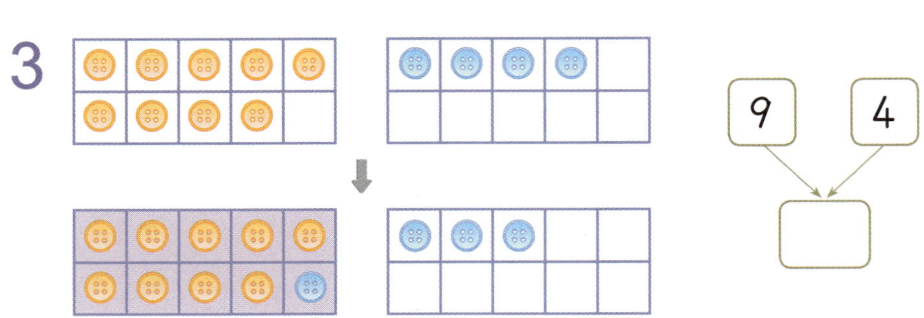

4 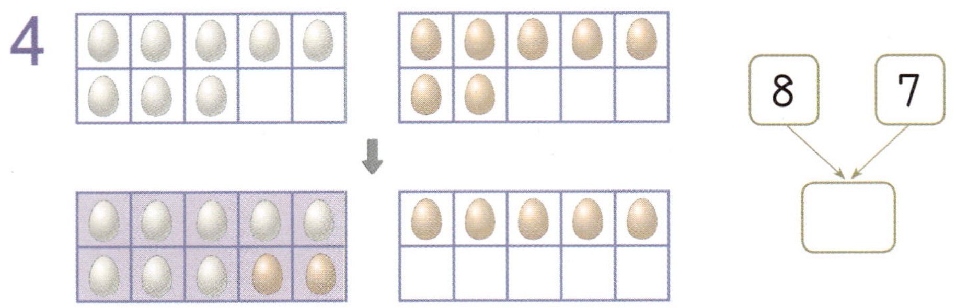

4 10을 이용하여 모으기와 가르기 (1)

☀ 10을 이용하여 모으기와 가르기를 해 보시오.

1

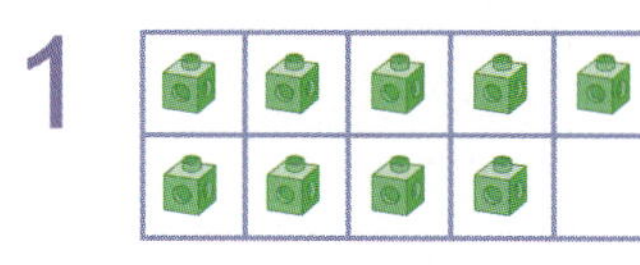

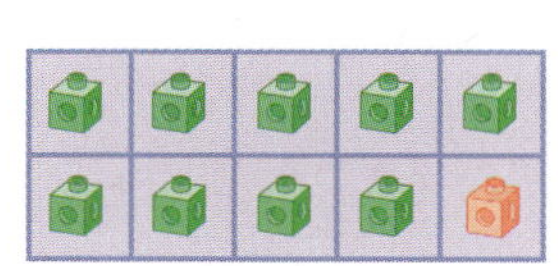
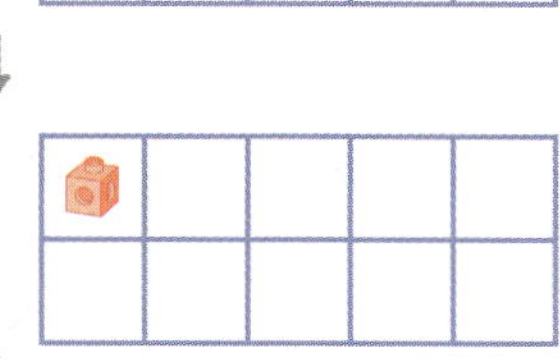

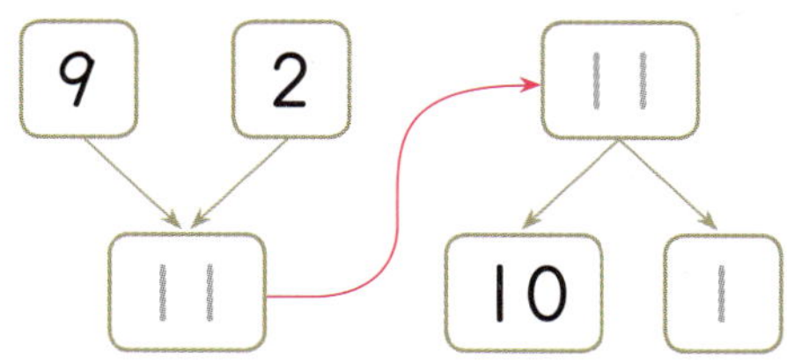

4

덧셈과　뺄셈
(2)

2

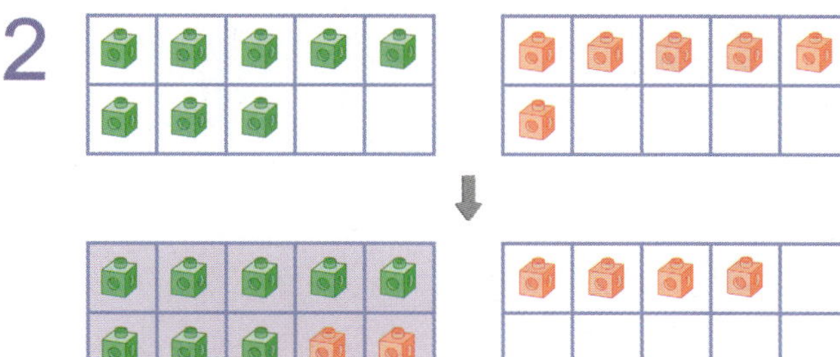

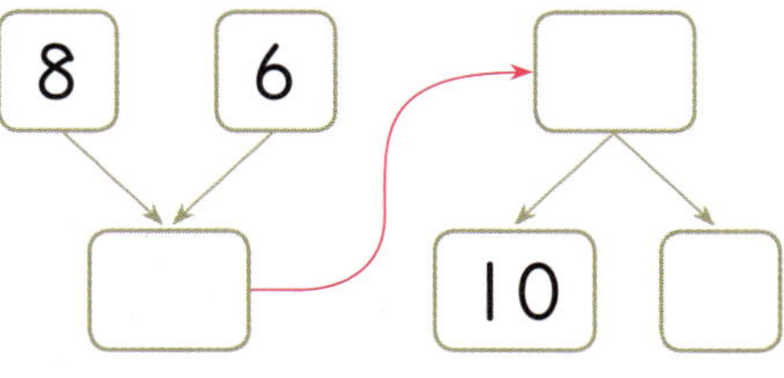

3

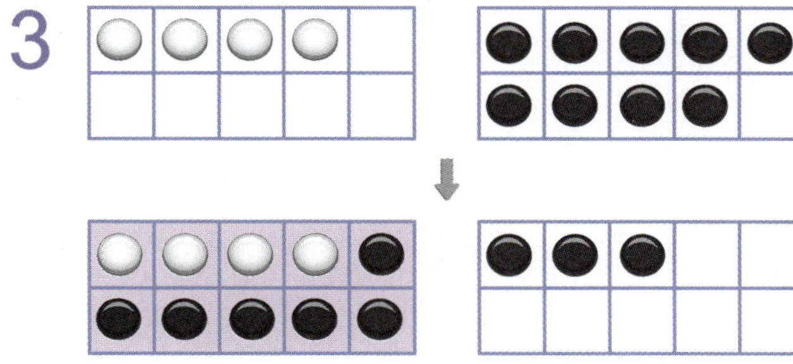

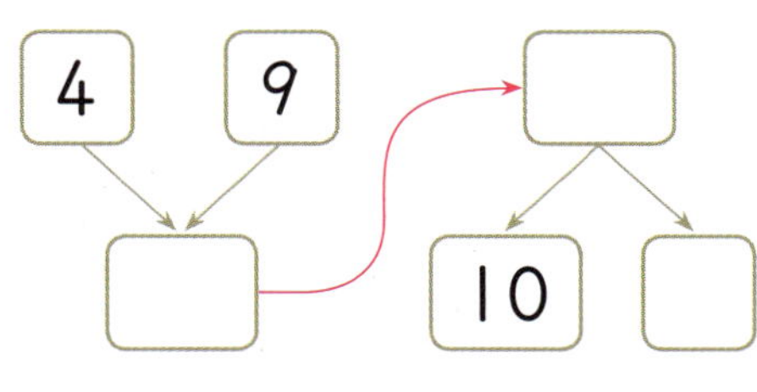

4

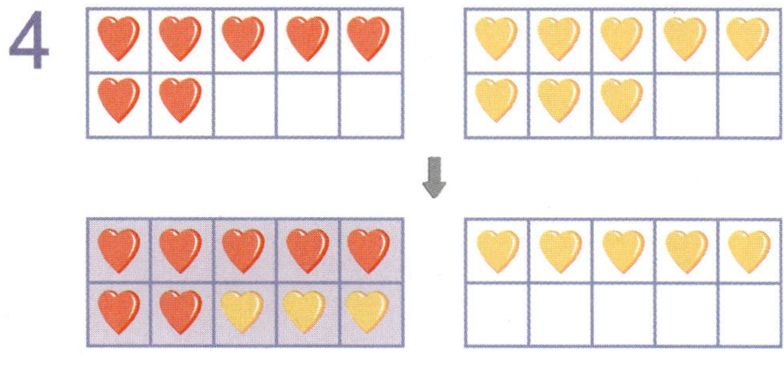

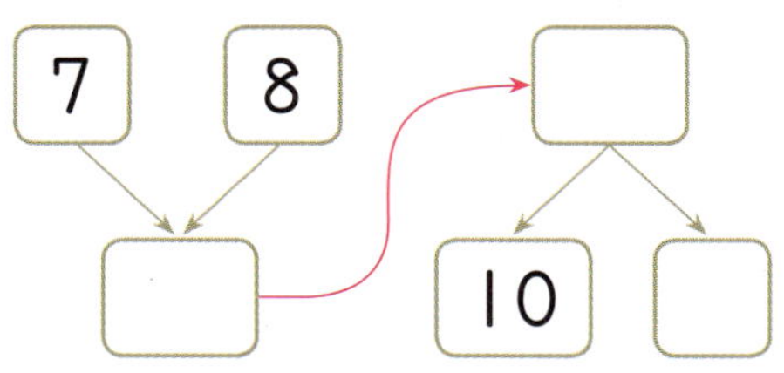

5 10을 이용하여 모으기와 가르기 (2)

☀ 10을 이용하여 모으기와 가르기를 해 보시오.

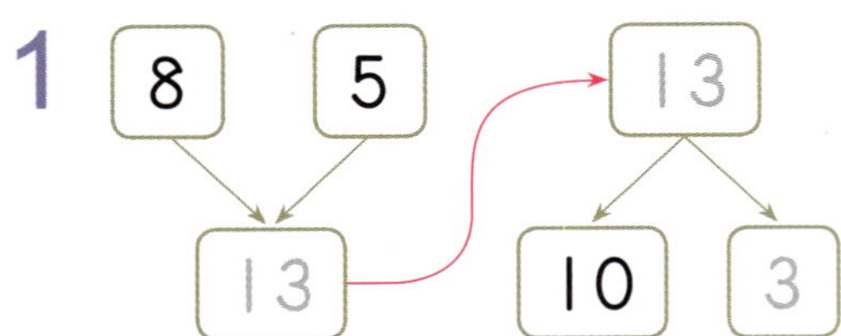

1 8 5 → 13 / 13 / 10 3

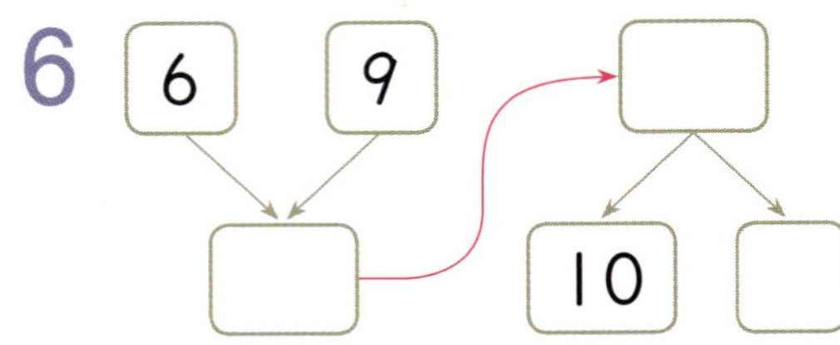

6 6 9

2 9 3 / 10

7 8 8 / 10

3 6 7 / 10

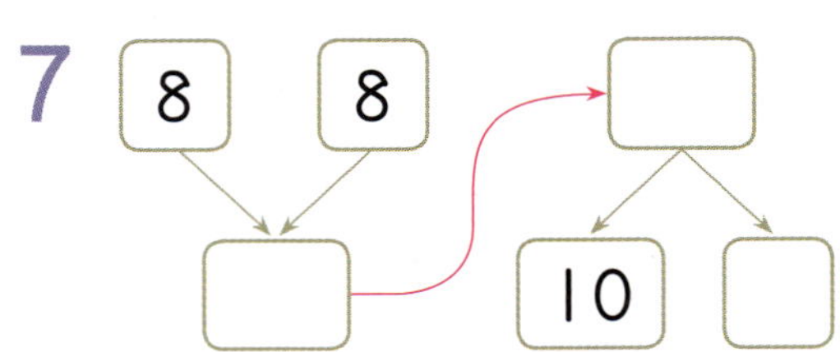

8 5 9 / 10

4 8 4 / 10

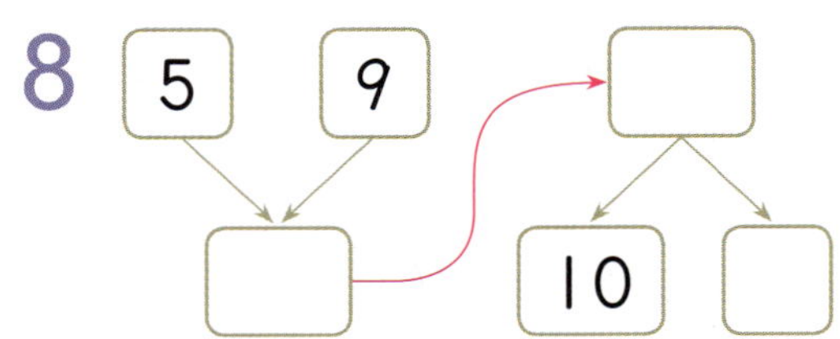

9 4 7 / 10

5 9 9 / 10

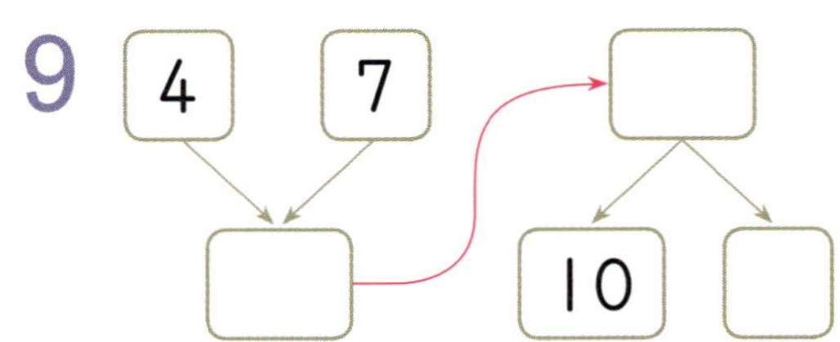

10 9 8 / 10

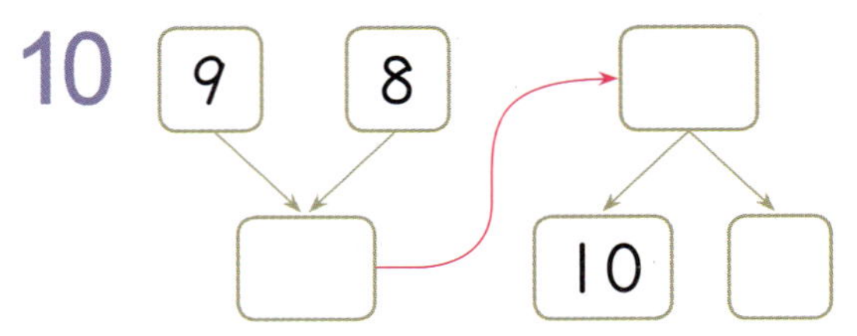

☀ **그림을 보고 빈 곳에 알맞은 수를 써넣으시오.**

1

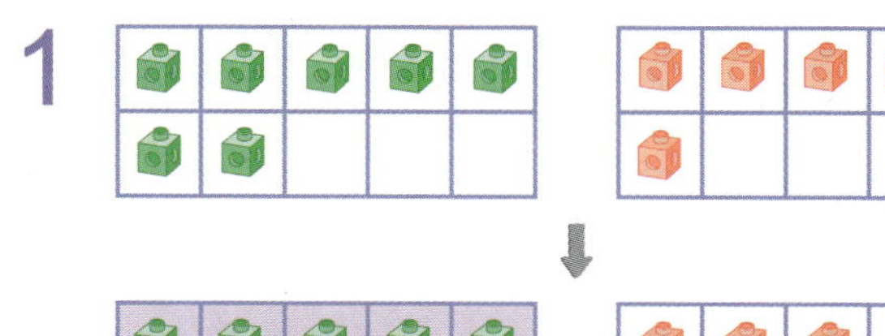

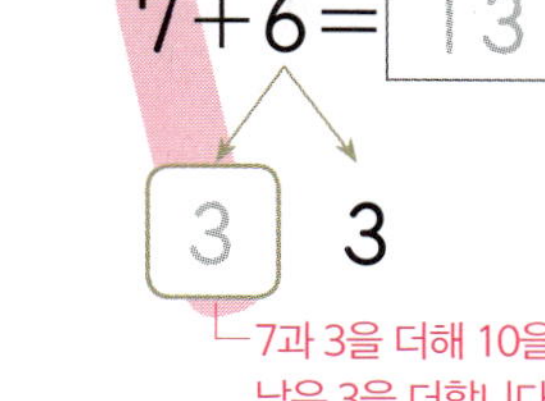

2

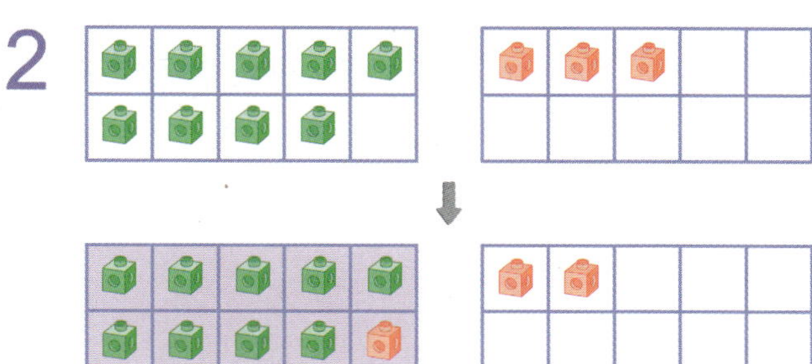

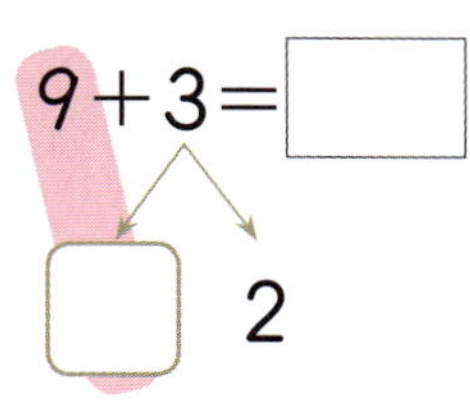

3

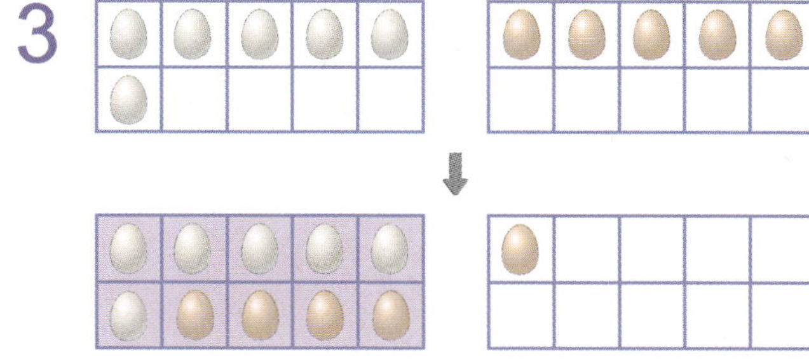

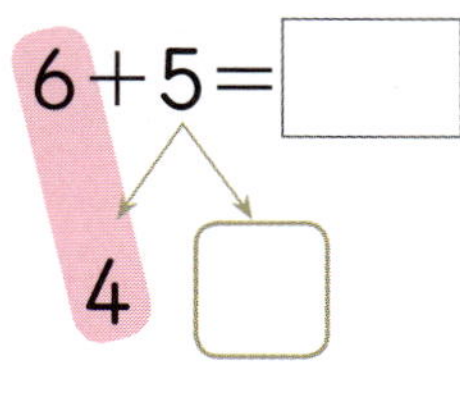

4

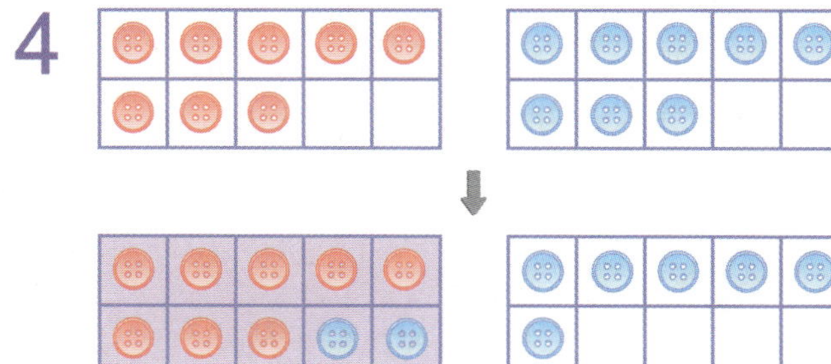

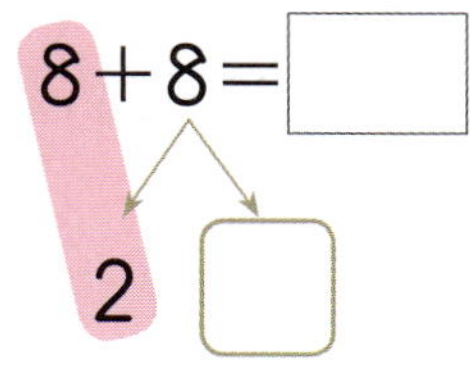

☀ 빈 곳에 알맞은 수를 써넣으시오.

1　$6+6=\boxed{12}$

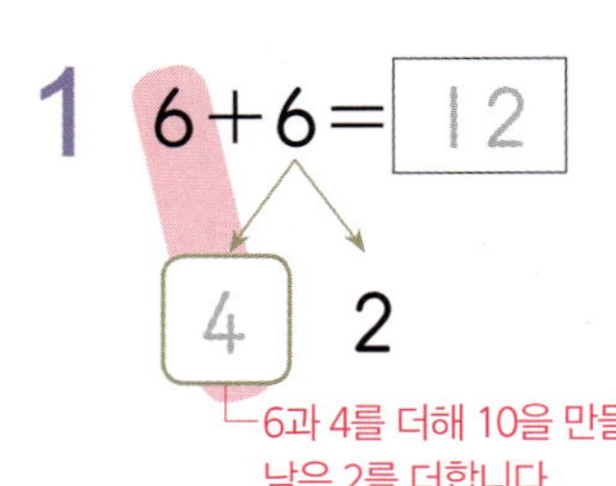

　　$\boxed{4}$　　2

6과 4를 더해 10을 만들고
남은 2를 더합니다.

6　$8+3=\boxed{}$

　　　2　$\boxed{}$

2　$7+4=\boxed{}$

　　$\boxed{}$　　1

7　$9+4=\boxed{}$

　　　1　$\boxed{}$

3　$9+2=\boxed{}$

　　$\boxed{}$　　1

8　$7+5=\boxed{}$

　　　3　$\boxed{}$

4　$8+5=\boxed{}$

　　$\boxed{}$　　3

9　$8+7=\boxed{}$

　　　2　$\boxed{}$

5　$9+9=\boxed{}$

　　$\boxed{}$　　8

10　$7+7=\boxed{}$

　　　3　$\boxed{}$

☀ 그림을 보고 빈 곳에 알맞은 수를 써넣으시오.

1

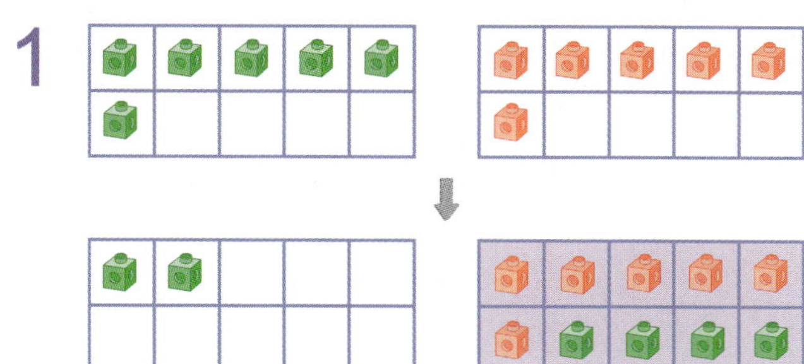

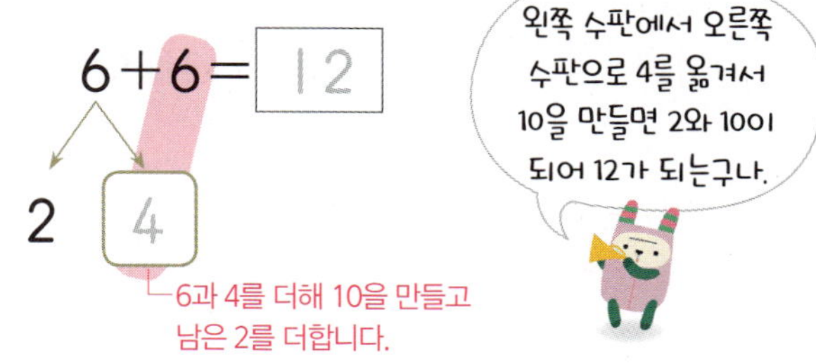

$6+6=$ 12

2 ・ 4

6과 4를 더해 10을 만들고
남은 2를 더합니다.

2

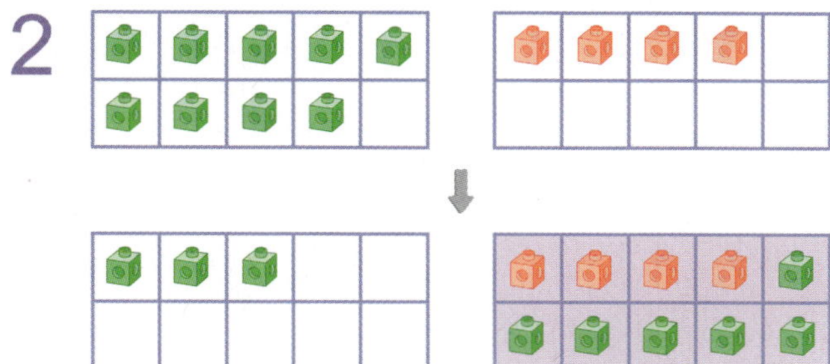

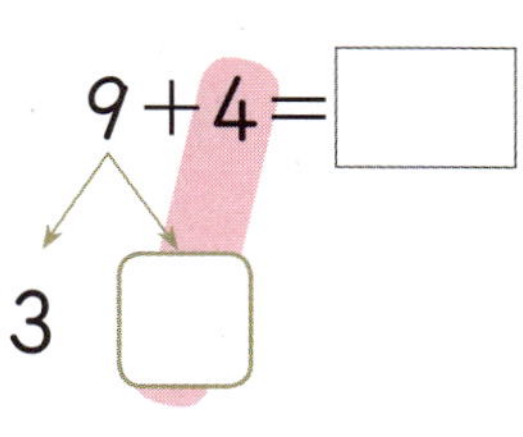

$9+4=$

3 ・ □

3

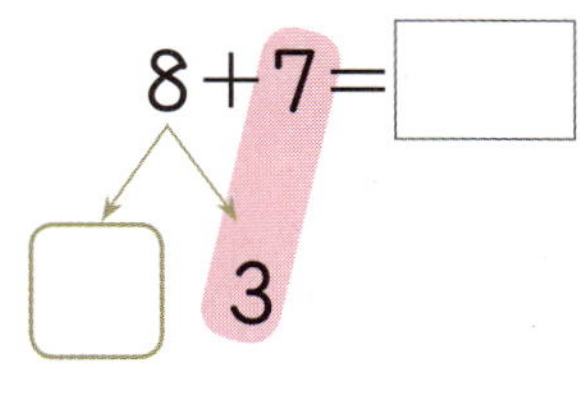

$8+7=$

□ ・ 3

4

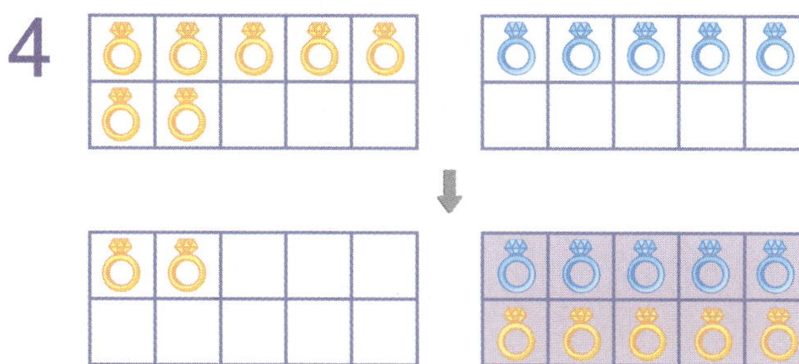

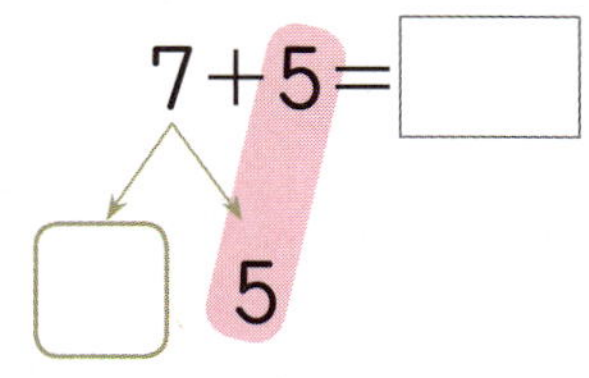

$7+5=$

□ ・ 5

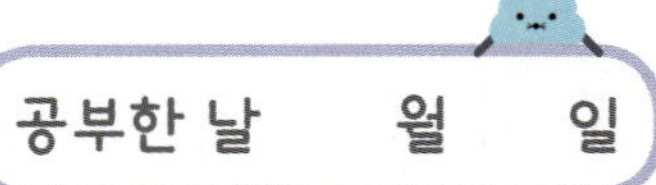

☀ 빈 곳에 알맞은 수를 써넣으시오.

1　6+5= | |

| 　5

└5와 5를 더해 10을 만들고 남은 1을 더합니다.

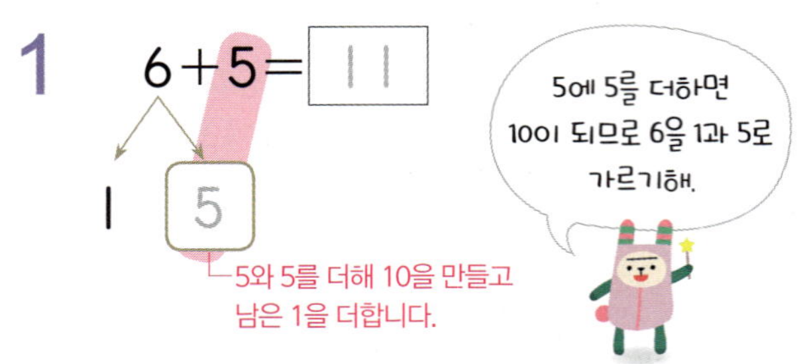

2　7+6=
3

3　8+8=
6

4　9+3=
2

5　7+4=
|

6　8+4=
6

7　9+5=
5

8　9+6=
4

9　8+6=
4

10　9+8=
2

10 (몇)+(몇) (5)

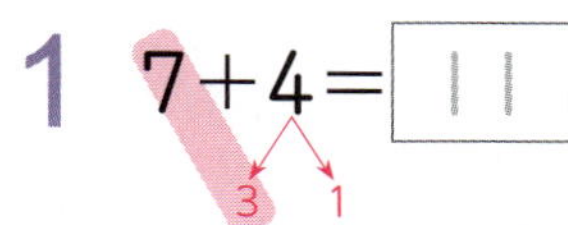

☀ 덧셈을 하시오.

1 7+4= 11

7 6+5=

2 6+6=

8 8+4=

3 9+5=

9 7+6=

4 7+7=

10 9+7=

5 9+3=

11 8+8=

6 8+6=

12 9+8=

4
덧셈과 뺄셈 (2)

☀ 그림을 보고 빈 곳에 알맞은 수를 써넣으시오.

1

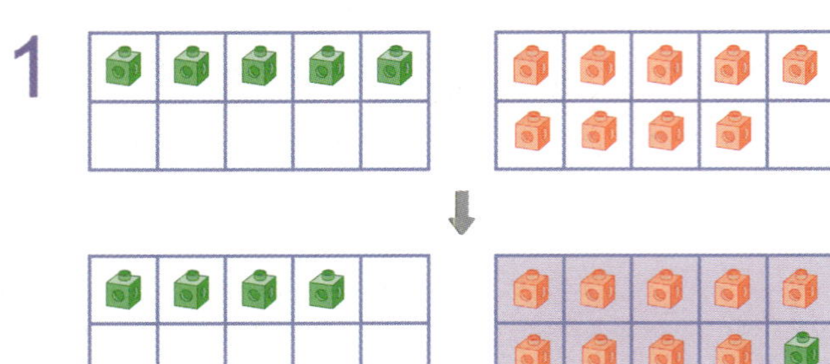

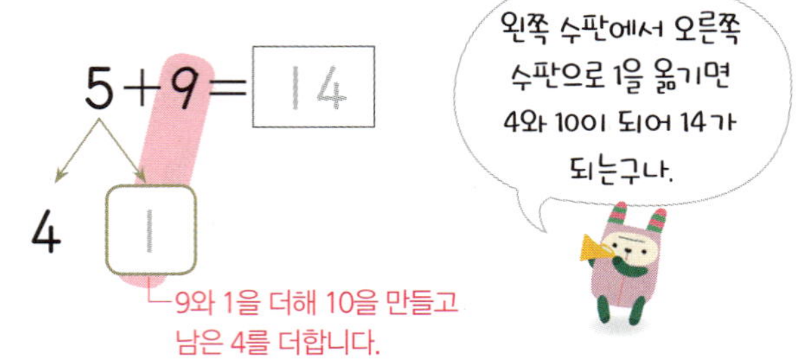

2

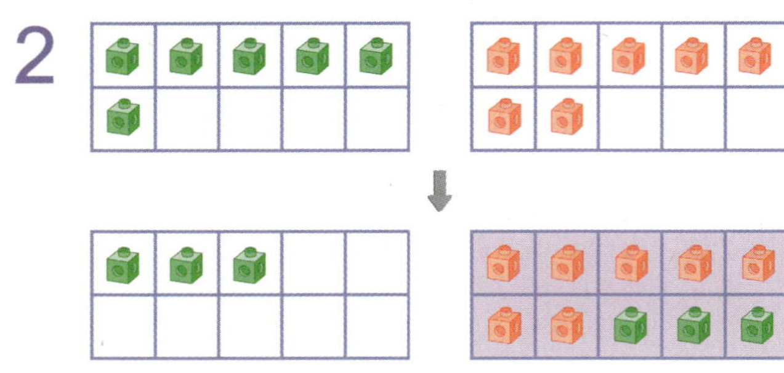

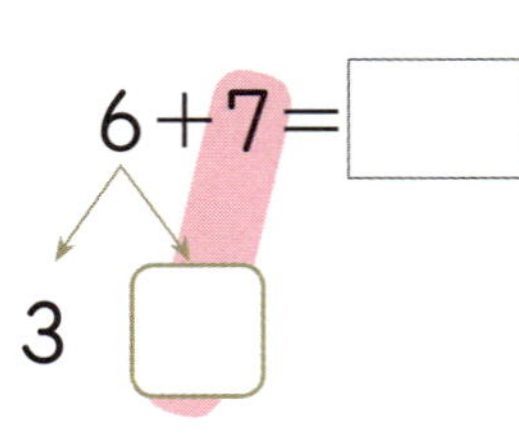

3

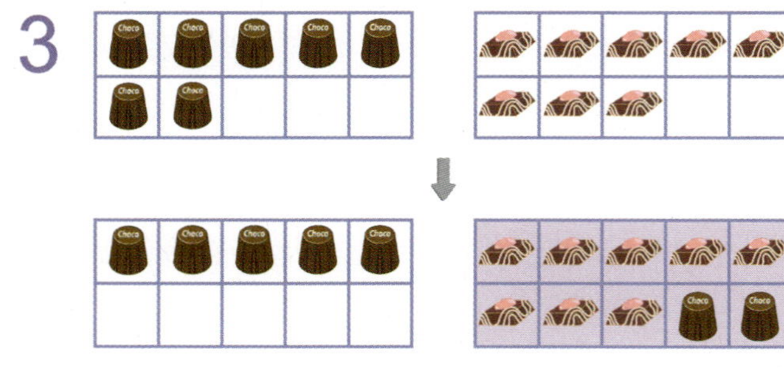

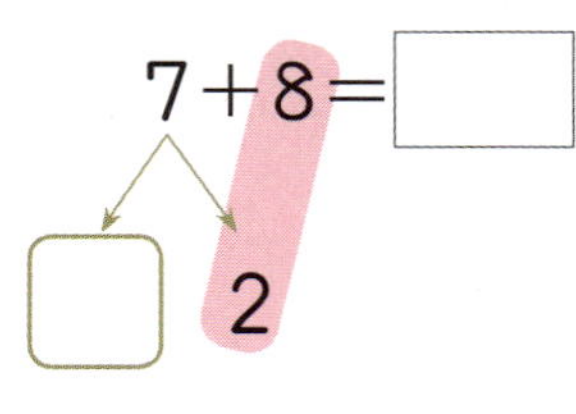

4

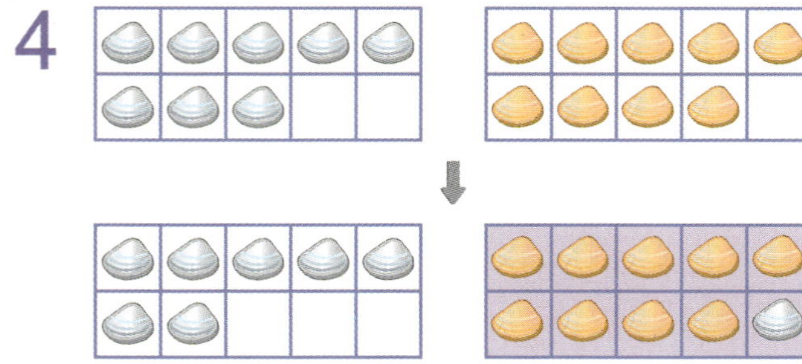

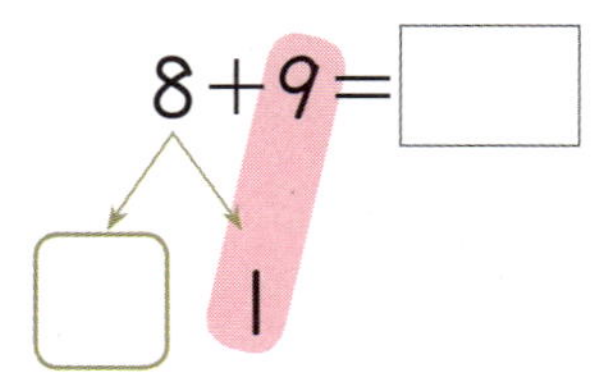

☀ 빈 곳에 알맞은 수를 써넣으시오.

1　$2+9=\boxed{11}$

　1　$\boxed{1}$

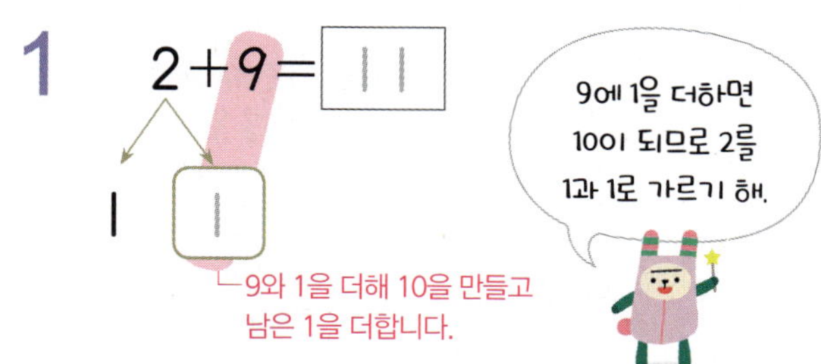

└ 9와 1을 더해 10을 만들고
　남은 1을 더합니다.

2　$5+7=\boxed{}$

　2　$\boxed{}$

3　$4+8=\boxed{}$

　2　$\boxed{}$

4　$7+9=\boxed{}$

　6　$\boxed{}$

5　$6+8=\boxed{}$

　4　$\boxed{}$

6　$3+8=\boxed{}$

　$\boxed{}$　2

7　$6+9=\boxed{}$

　$\boxed{}$　1

8　$5+6=\boxed{}$

　$\boxed{}$　4

9　$4+9=\boxed{}$

　$\boxed{}$　1

10　$7+7=\boxed{}$

　$\boxed{}$　3

13 (몇)+(몇) ⑻

☀ 그림을 보고 빈 곳에 알맞은 수를 써넣으시오.

1

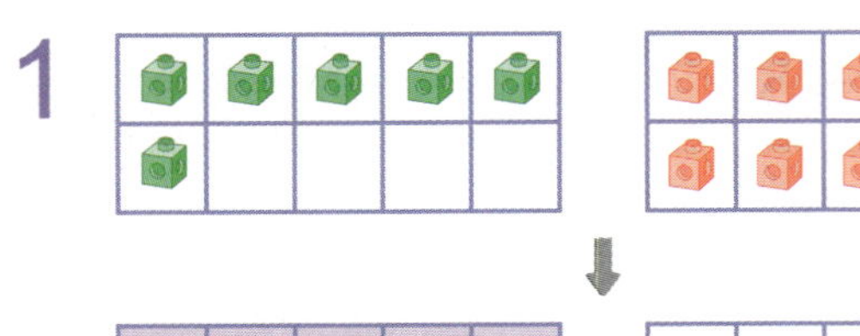

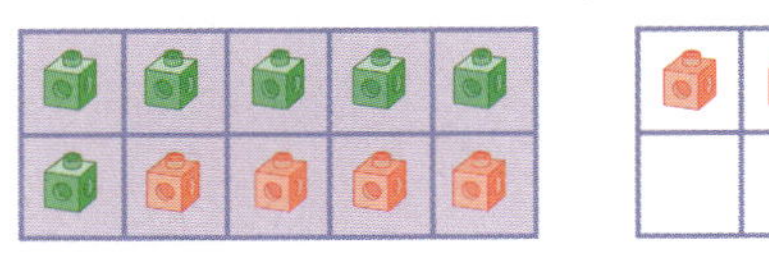

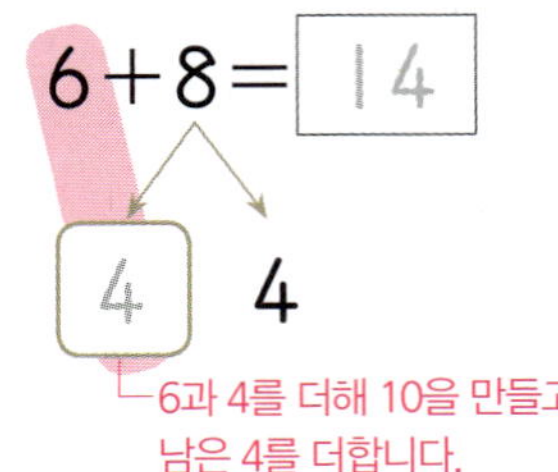

2

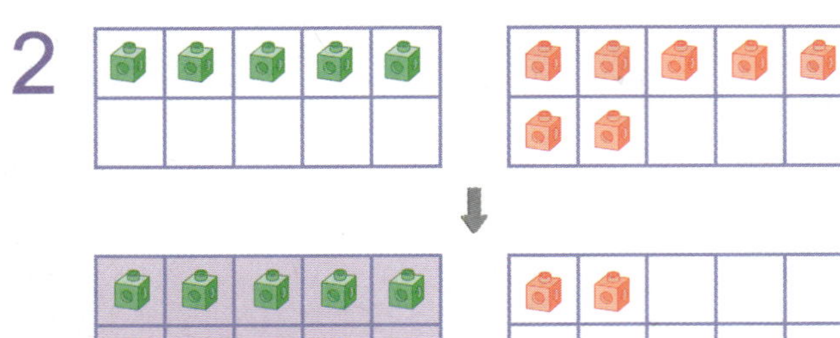

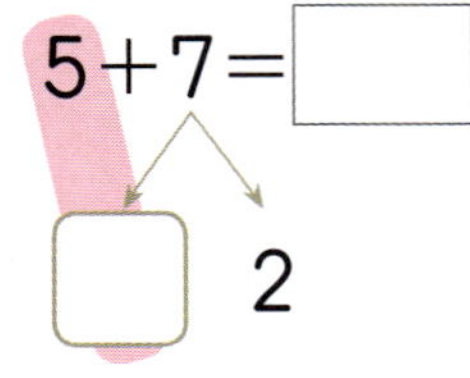

3

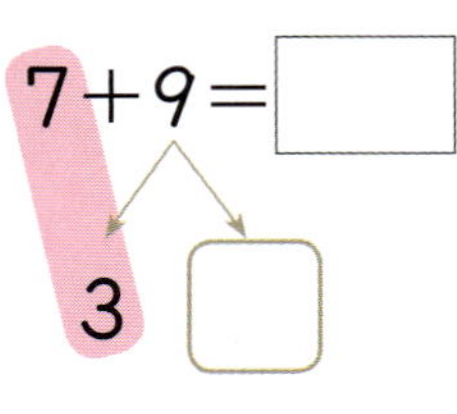

4

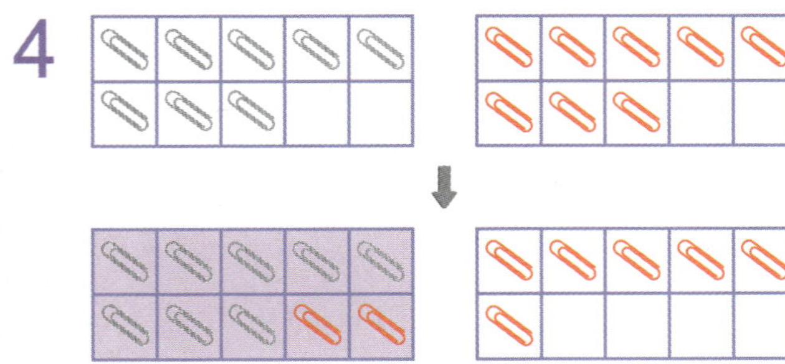

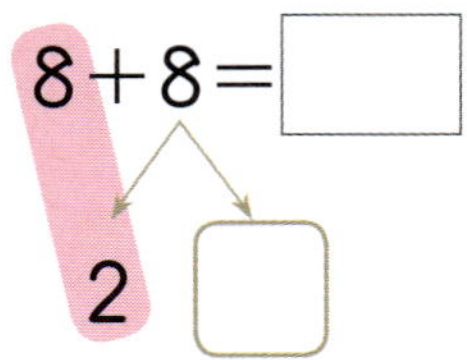

☀ 빈 곳에 알맞은 수를 써넣으시오.

1　$3+9=\boxed{12}$

　$\boxed{7}$　2

　└─ 3과 7을 더해 10을 만들고 남은 2를 더합니다.

6　$4+8=\boxed{}$

　6　$\boxed{}$

2　$4+7=\boxed{}$

　$\boxed{}$　1

7　$2+9=\boxed{}$

　8　$\boxed{}$

3　$6+6=\boxed{}$

　$\boxed{}$　2

8　$5+8=\boxed{}$

　5　$\boxed{}$

4　$7+8=\boxed{}$

　$\boxed{}$　5

9　$6+7=\boxed{}$

　4　$\boxed{}$

5　$8+9=\boxed{}$

　$\boxed{}$　7

10　$9+9=\boxed{}$

　1　$\boxed{}$

4
덧셈과 뺄셈 (2)

☀ 덧셈을 하시오.

1 4+7= 11

7 6+8=

2 5+6=

8 5+9=

3 3+9=

9 8+8=

4 7+7=

10 6+7=

5 5+8=

11 8+9=

6 6+9=

12 7+9=

☀ 덧셈을 하시오.

1

$5+6=\boxed{11}$

$5+7=\boxed{12}$

$5+8=\boxed{13}$

$5+9=\boxed{14}$

1씩　　　1씩
커집니다.　커집니다.

4

$6+9=\boxed{}$

$5+9=\boxed{}$

$4+9=\boxed{}$

$3+9=\boxed{}$

2

$6+6=\boxed{}$

$7+6=\boxed{}$

$8+6=\boxed{}$

$9+6=\boxed{}$

5

$4+9=\boxed{}$

$5+8=\boxed{}$

$6+7=\boxed{}$

$7+6=\boxed{}$

3

$7+9=\boxed{}$

$7+8=\boxed{}$

$7+7=\boxed{}$

$7+6=\boxed{}$

6

$7+5=\boxed{}$

$6+6=\boxed{}$

$5+7=\boxed{}$

$4+8=\boxed{}$

4
덧셈과
뺄셈
(2)

☀ 그림을 보고 빈 곳에 알맞은 수를 써넣으시오.

1

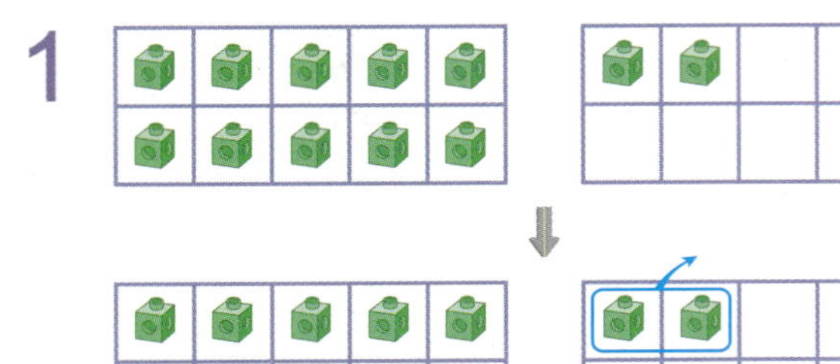

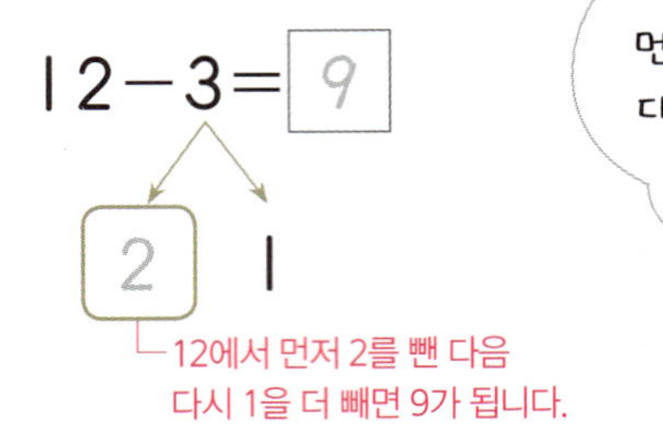

$12-3=\boxed{9}$

$\boxed{2}$ 1

2

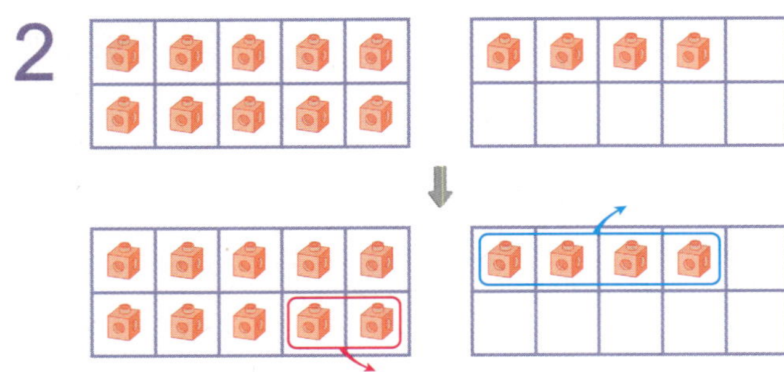

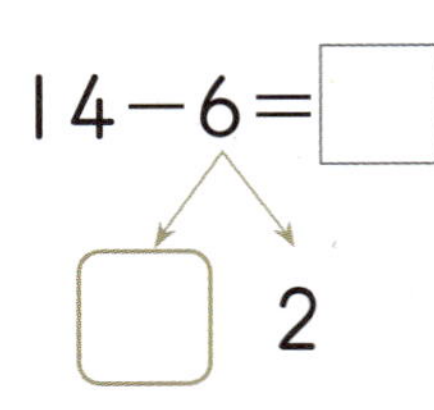

$14-6=\boxed{}$

$\boxed{}$ 2

3

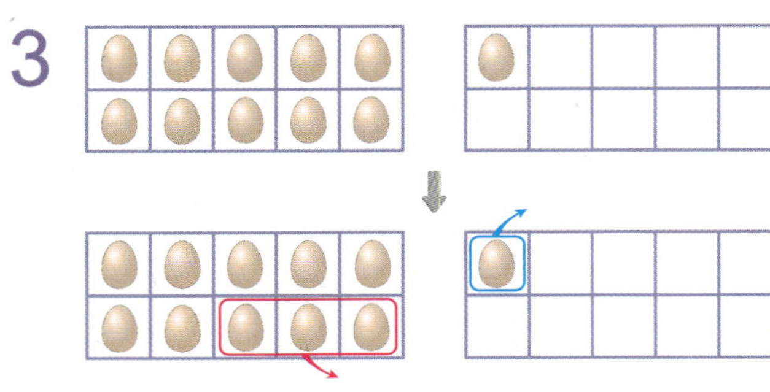

$11-4=\boxed{}$

1 $\boxed{}$

4

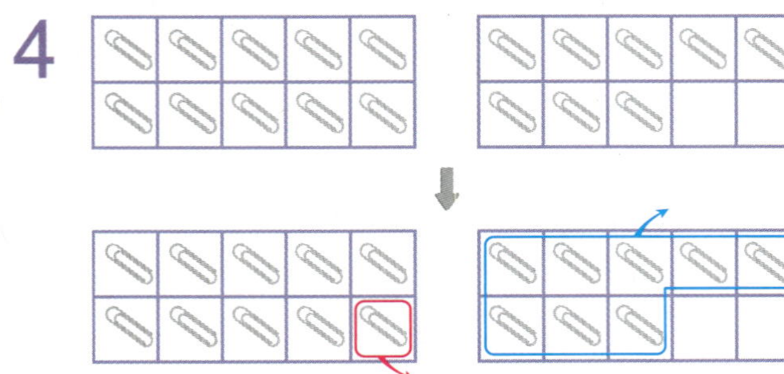

$18-9=\boxed{}$

8 $\boxed{}$

☀ 빈 곳에 알맞은 수를 써넣으시오.

1 $11-3=\boxed{8}$
　　$\boxed{1}$　2

6 $12-8=\boxed{}$
　　$\boxed{}$　2

2 $13-6=\boxed{}$
　　$\boxed{}$　3

7 $14-7=\boxed{}$
　　$\boxed{}$　4

3 $12-5=\boxed{}$
　　$\boxed{}$　3

8 $15-9=\boxed{}$
　　$\boxed{}$　5

4 $16-9=\boxed{}$
　　$\boxed{}$　3

9 $16-7=\boxed{}$
　　$\boxed{}$　6

5 $15-7=\boxed{}$
　　$\boxed{}$　2

10 $17-8=\boxed{}$
　　7　$\boxed{}$

4
덧셈과 뺄셈 (2)

19 (십몇)−(몇) (3)

☀ /으로 지워 뺄셈을 하시오.

1 12−6= 6 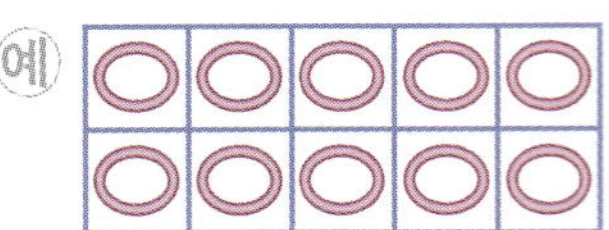 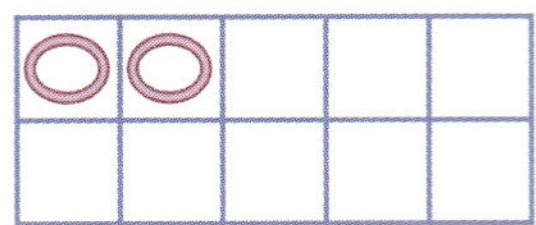

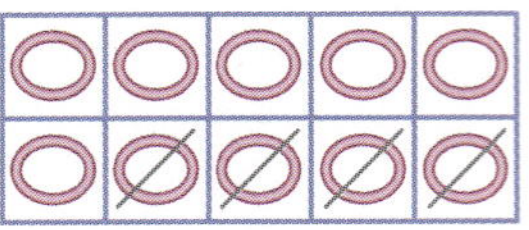 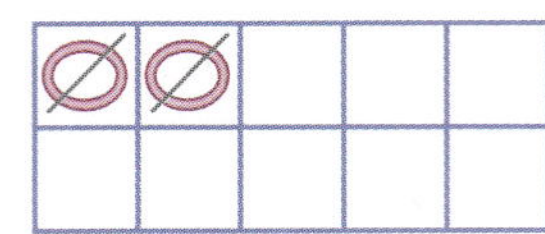

2 14−5=☐ 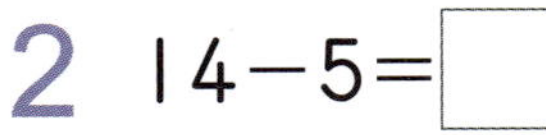 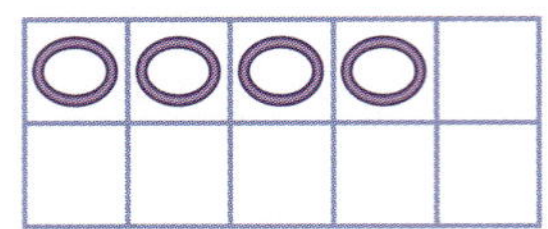

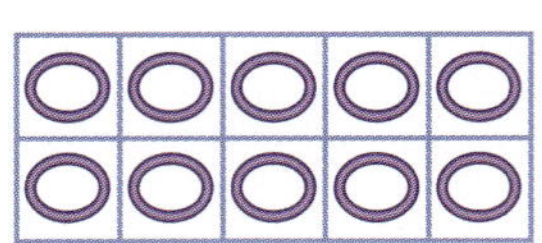 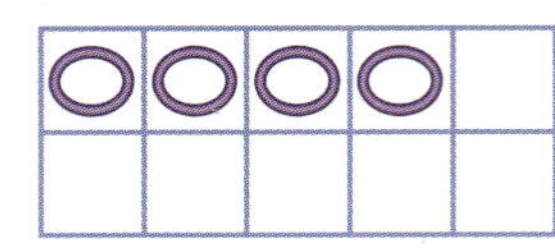

3 16−8=☐ 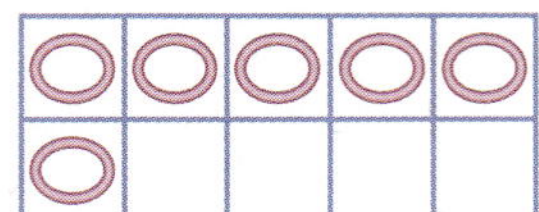

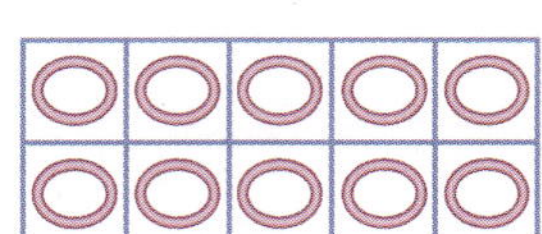 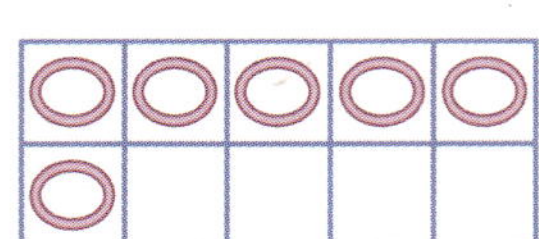

4 17−9=☐ 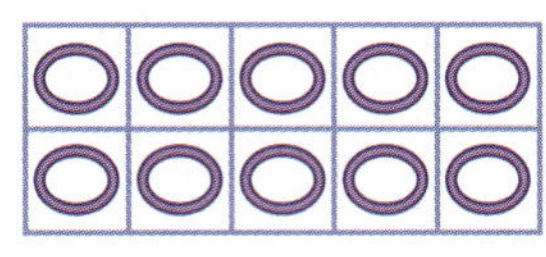 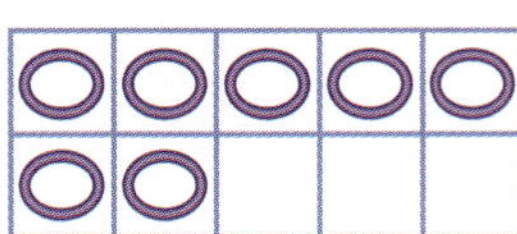

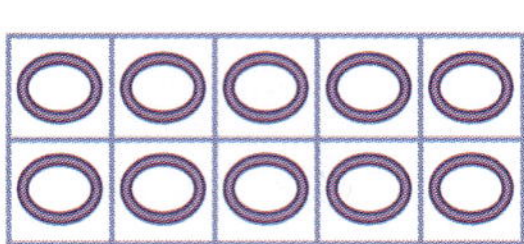 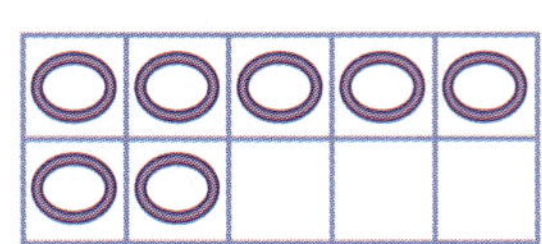

☀ 그림을 보고 빈 곳에 알맞은 수를 써넣으시오.

1

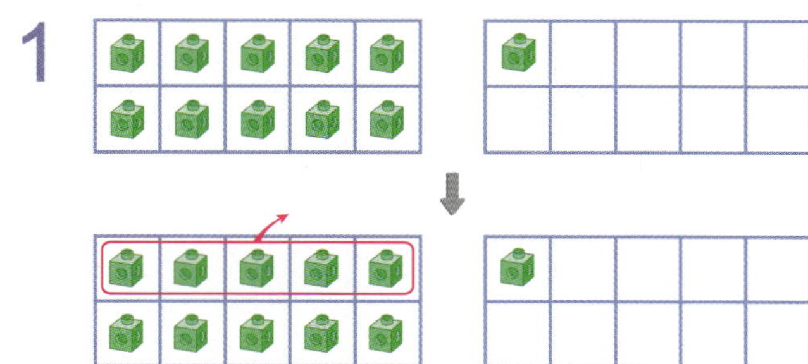

$$11-5=\boxed{6}$$

$$10\quad\boxed{1}$$

└ 10에서 5를 먼저 뺀 다음 남은 1을 더하면 6이 됩니다.

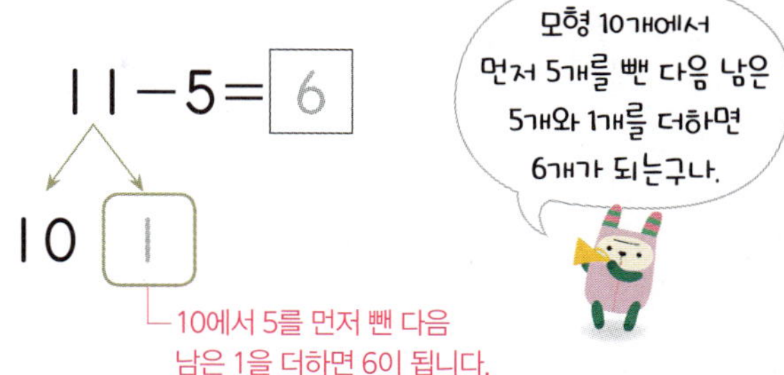

2

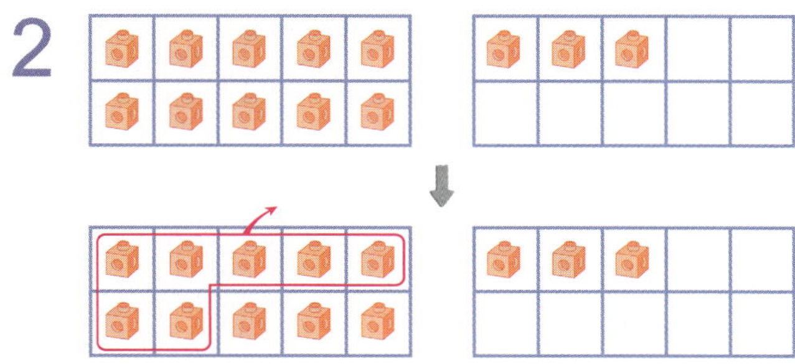

$$13-7=\boxed{}$$

$$10\quad\boxed{}$$

3

$$15-8=\boxed{}$$

$$\boxed{}\quad 5$$

4

$$17-9=\boxed{}$$

$$\boxed{}\quad 7$$

21 (십몇)−(몇) (5)

☀ 빈 곳에 알맞은 수를 써넣으시오.

1 $12-4=\boxed{8}$

10 $\boxed{2}$

6 $11-7=\square$

$\square$ 1

2 $14-5=\square$

10 $\square$

7 $16-7=\square$

$\square$ 6

3 $16-8=\square$

10 $\square$

8 $15-9=\square$

$\square$ 5

4 $15-6=\square$

10 $\square$

9 $13-5=\square$

$\square$ 3

5 $18-9=\square$

10 $\square$

10 $17-8=\square$

$\square$ 7

☀ 빈 곳에 알맞은 수를 써넣으시오.

1

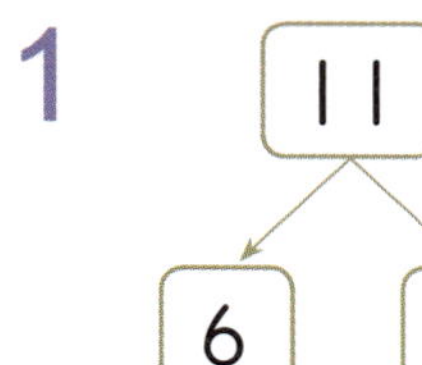

$11 - 6 = \boxed{5}$

5

$12 - 7 = \boxed{}$

2

$13 - 8 = \boxed{}$

6

$14 - 8 = \boxed{}$

3

$15 - 7 = \boxed{}$

7

$17 - 9 = \boxed{}$

4

$16 - 9 = \boxed{}$

8

$13 - 4 = \boxed{}$

☀ 뺄셈을 하시오.

1 12−5= 7

7 14−7=

2 13−9=

8 17−8=

3 14−6=

9 11−4=

4 11−2=

10 13−6=

5 15−9=

11 12−9=

6 16−7=

12 15−8=

☀ 뺄셈을 하시오.

1

$11-2=\boxed{9}$

$11-3=\boxed{8}$

$11-4=\boxed{7}$

$11-5=\boxed{6}$

1씩　　1씩 작아
커집니다.　집니다.

4

$17-9=\boxed{}$

$16-8=\boxed{}$

$15-7=\boxed{}$

$14-6=\boxed{}$

2

$13-8=\boxed{}$

$13-7=\boxed{}$

$13-6=\boxed{}$

$13-5=\boxed{}$

5

$15-6=\boxed{}$

$16-7=\boxed{}$

$17-8=\boxed{}$

$18-9=\boxed{}$

3

$14-9=\boxed{}$

$15-9=\boxed{}$

$16-9=\boxed{}$

$17-9=\boxed{}$

6

$14-5=\boxed{}$

$13-6=\boxed{}$

$12-7=\boxed{}$

$11-8=\boxed{}$

1 그림을 보고 □ 안에 알맞은 수를 써넣고 두 수를 더해 보시오.

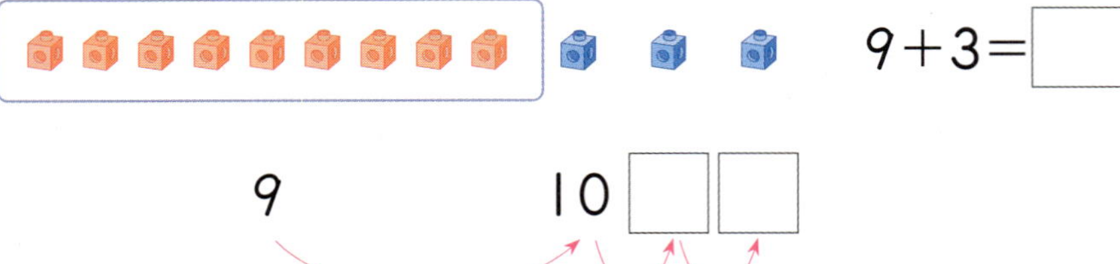

$9+3=$ □

9   10 □ □

· 빨간색 모형 9개에서부터 파란색 모형의 수만큼 이어 세어 봅니다.

2 10을 이용하여 모으기와 가르기를 해 보시오.

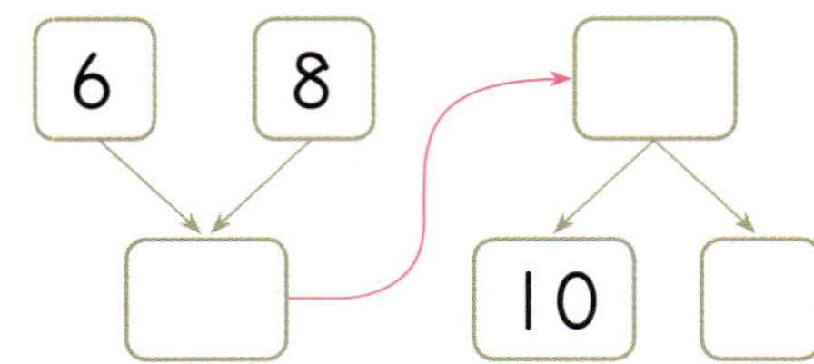

6   8   □

□

10 □

3 빈 곳에 알맞은 수를 써넣으시오.

(1) $9+2=$ □

1 □

(2) $6+6=$ □

□ 4

· 더해서 10이 되도록 수를 가르기하여 계산합니다.

4 빈 곳에 알맞은 수를 써넣으시오.

(1) $12-4=$ □

□ 2

(2) $15-7=$ □

10 □

· 10을 이용하여 뺄셈을 할 수 있도록 수를 가르기하여 계산합니다.

5 덧셈을 하시오.

(1) $6+5=$ □

(2) $7+9=$ □

· 여러 가지 방법으로 덧셈을 해 봅니다.

6 뺄셈을 하시오.

(1) $11-8=\boxed{}$　　　(2) $14-6=\boxed{}$

7 □ 안에 알맞은 수를 써넣으시오.

(1)
$5+6=\boxed{}$
$5+7=\boxed{}$
$5+8=\boxed{}$
$5+9=\boxed{}$

(2)
$14-8=\boxed{}$
$15-8=\boxed{}$
$16-8=\boxed{}$
$17-8=\boxed{}$

8 차가 6인 뺄셈식을 모두 찾아 ◯표 하시오.

차를 각각 구한 후 차가 6인 뺄셈식을 찾아 봅니다.

9 그림에 알맞은 덧셈이나 뺄셈 문제를 만들어 보시오.

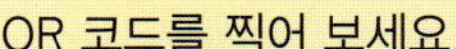

그림을 보고 상황에 맞게 덧셈이나 뺄셈 문제를 만들어 봅니다.

QR 코드를 찍어 보세요.

문제 생성기 새로운 문제를 계속 풀 수 있어요.
학습 게임 재미있는 학습 게임을 할 수 있어요.

5 규칙 찾기

제5화 쓰레기 소각장에 과연 보물이?!

이미 배운 내용
[1-1 50까지의 수]
• 50까지의 수 알기
[1-2 여러 가지 모양]
• ■, ▲, ● 모양 알기

이번에 배울 내용
• 물체, 무늬, 수 배열에서 규칙을 찾아 여러 가지 방법으로 나타내기

앞으로 배울 내용
[2-2 규칙 찾기]
• 규칙 찾기

싫어. 난 집에 갈래.
보물 안 찾을 거야?

아무래도 보물 지도 같지 않아.
으~ 맞다니까…
부들 부들
박사님께 전화해서 물어보자.

그건 안 돼. 아빠가 아시면 당장 지도 가지고 오라고 할 걸.
근데 저게 뭐지?

보물?

뭐야. 그냥 버려진 포장지잖아.
포장지 무늬에 규칙이 있네.

규칙이 있다고?

●와 ●가 반복되는 규칙이야.

아! 아빠 전화다!
따르르

아빠…
너 지금 어디야? 아빠 책상 위에 있던 지도 가져갔어?

네?? 네……
그걸 왜 가져갔어! 빨리 가져와.

이거 보물 지도잖아요. 보물 찾아서 갈게요.
뭐?

푸하하하
???

배운 것 확인하기

1 몇십

☀ 수를 세어 써 보시오.

1

30

└─ 10개씩 묶음 3개이므로 30입니다.

2

3

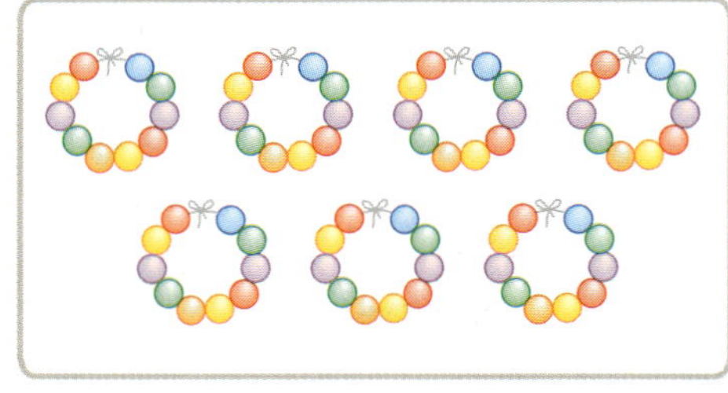

4

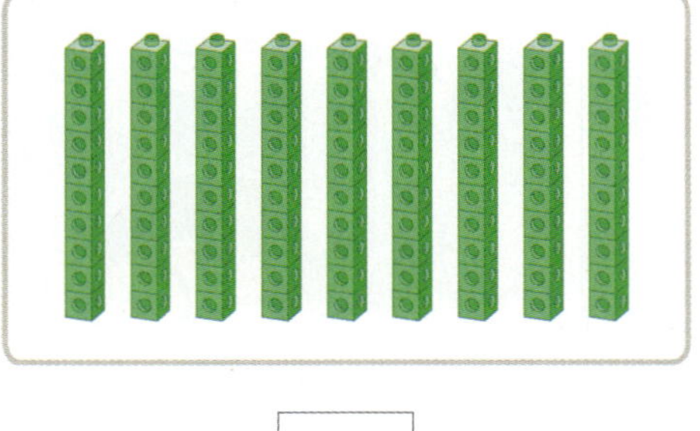

2 몇십몇

☀ □ 안에 알맞은 수를 써넣으시오.

1

10개씩 묶음	낱개	
2	6	⇨ 26

2

10개씩 묶음	낱개	
4	1	⇨

3

10개씩 묶음	낱개	
5	2	⇨

4

10개씩 묶음	낱개	
7	8	⇨

5

10개씩 묶음	낱개	
8	9	⇨

☀ 빈 곳에 알맞은 수를 써넣으시오.

1 16 — 17 — 18 — 19 — 20

2 28 — 29 — 30 — ○ — ○

3 35 — 36 — ○ — 38 — ○

4 52 — ○ — 54 — ○ — 56

5 74 — 75 — ○ — ○ — 78

6 80 — 81 — ○ — 83 — ○

7 96 — ○ — 98 — 99 — ○

☀ ■ 모양에 □표, ▲ 모양에 △표,
● 모양에 ○표 하시오.

1 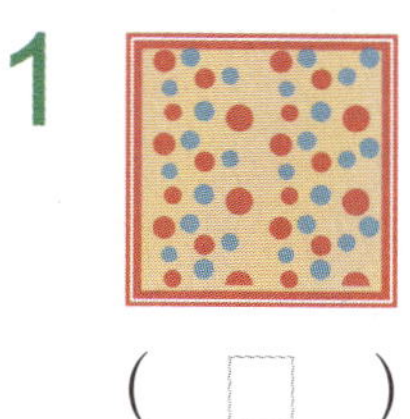
(□)

2 
( )

3 
( )

4 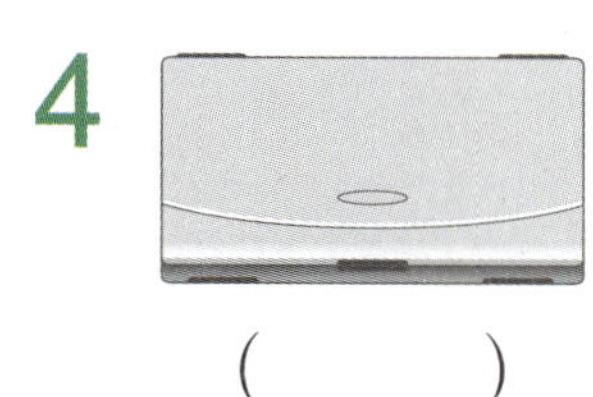
( )

5 
( )

5

규칙 찾기

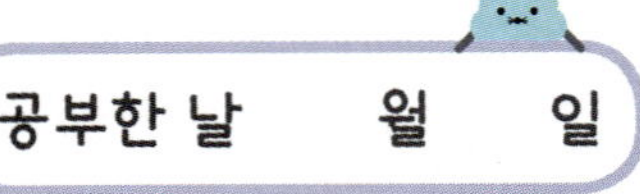

☀ 규칙에 따라 빈칸에 알맞은 그림을 그려 보시오.

1

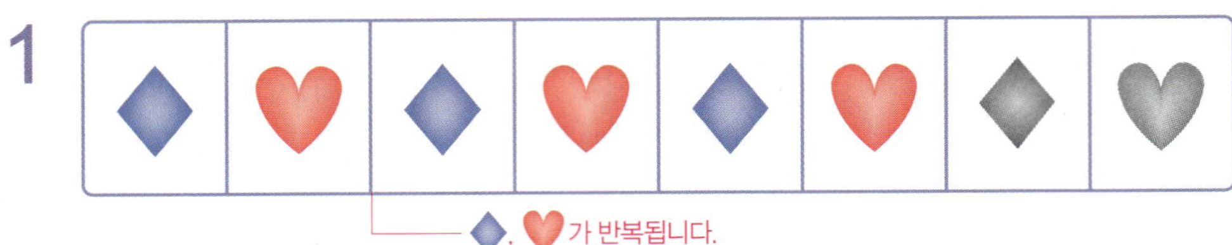

2

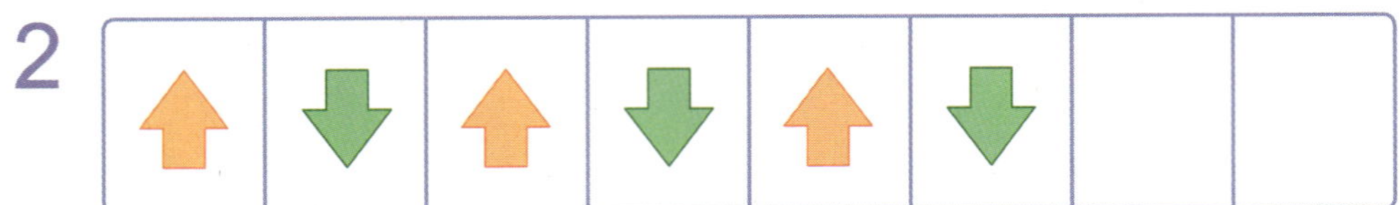

3

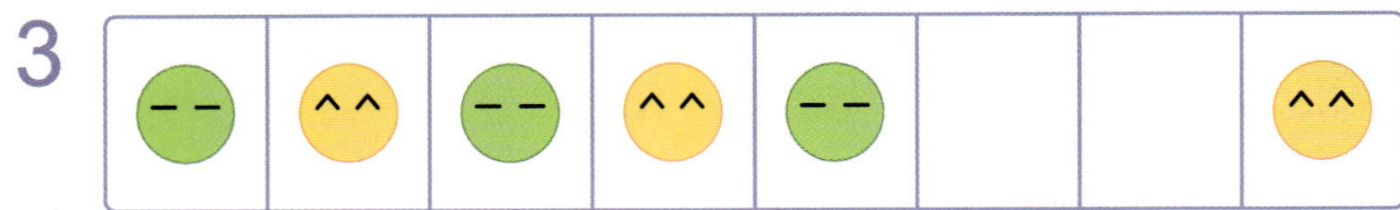

4

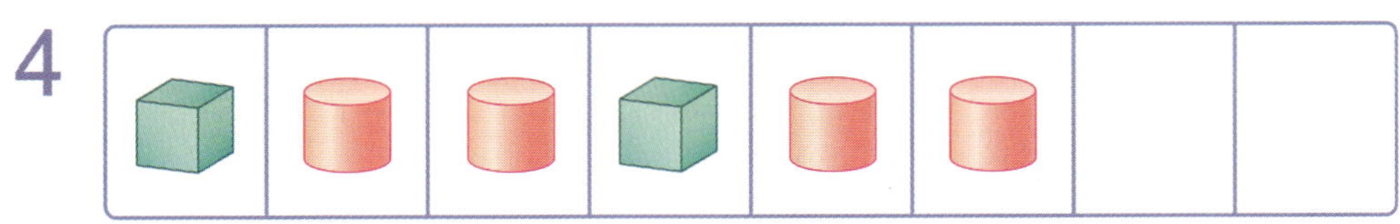

5

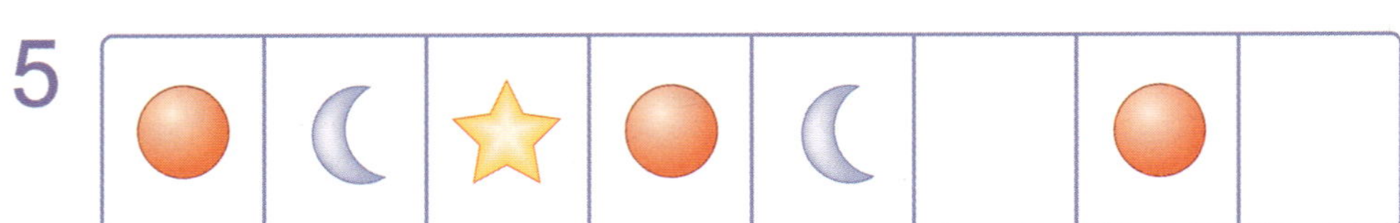

6

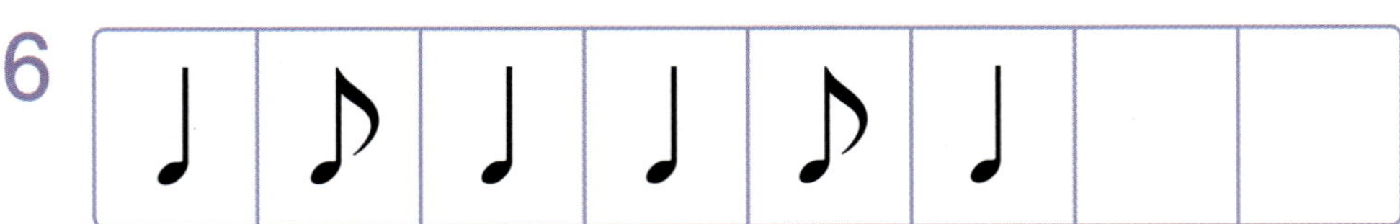

2 규칙을 찾아 말해 보기

☀ 규칙을 찾아 쓰시오.

1 

규칙	⑩ 연필, 지우개가 반복됩니다.

2 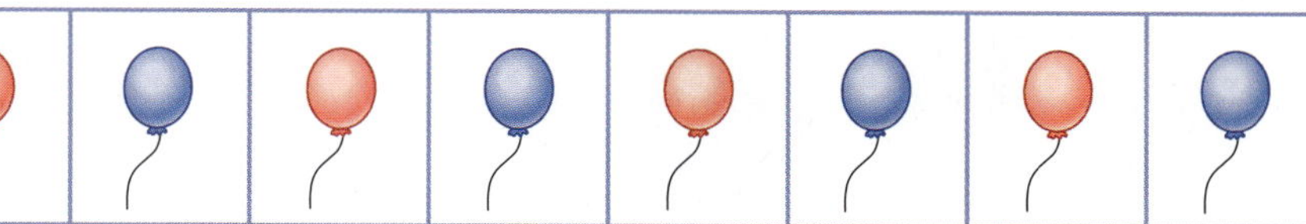

규칙	

3 

규칙	

4 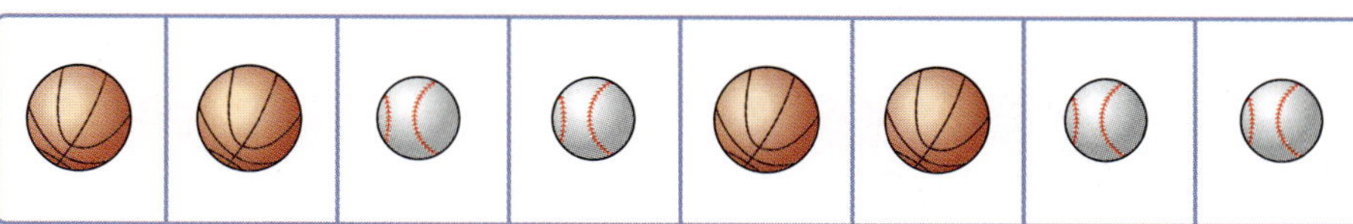

규칙	

5 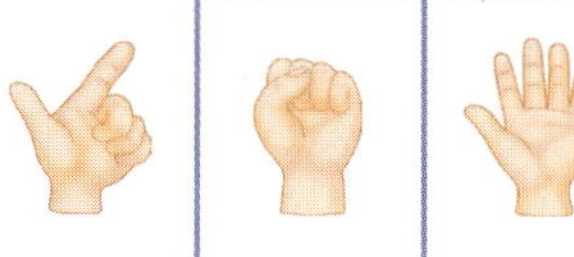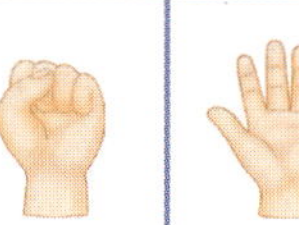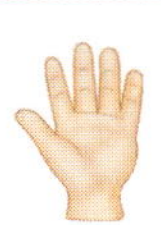

규칙	

3 규칙에 따라 무늬 꾸미기

☀ 규칙에 따라 알맞은 색으로 빈칸을 색칠해 보시오.

1

| 빨강 | 연두 |
| 연두 | 빨강 |

2

3

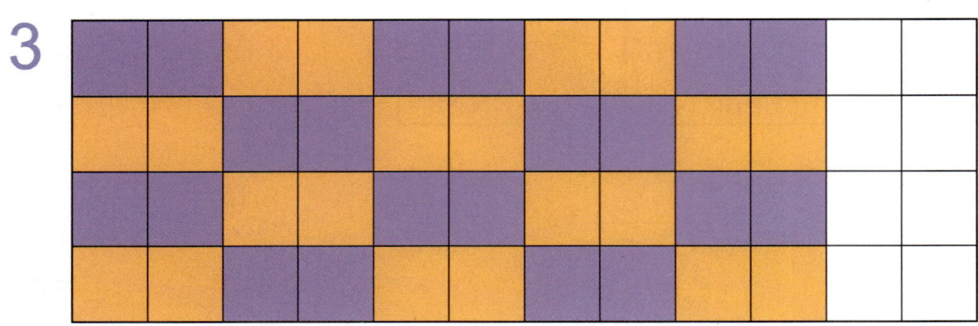

4

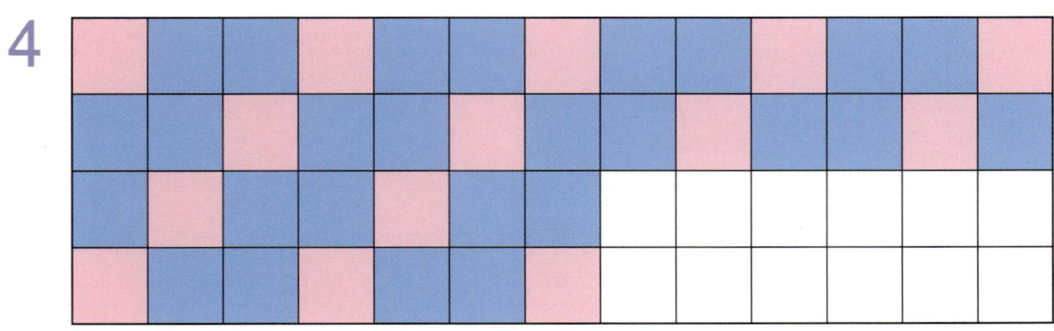

☀ 반복되는 규칙에 따라 빈 곳에 알맞은 수를 써넣으시오.

1　

1과 3이 반복되는 규칙입니다.

2　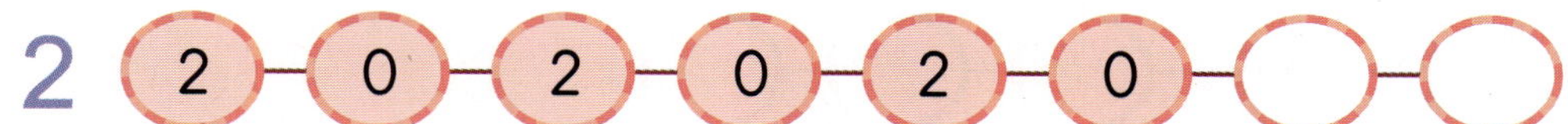

3　

4　

5　

6　

7　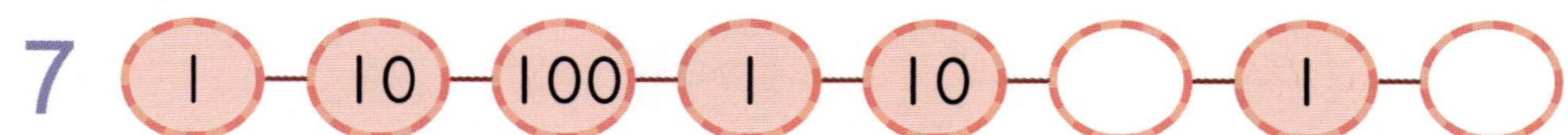

☀ 커지는 규칙에 따라 빈 곳에 알맞은 수를 써넣으시오.

1　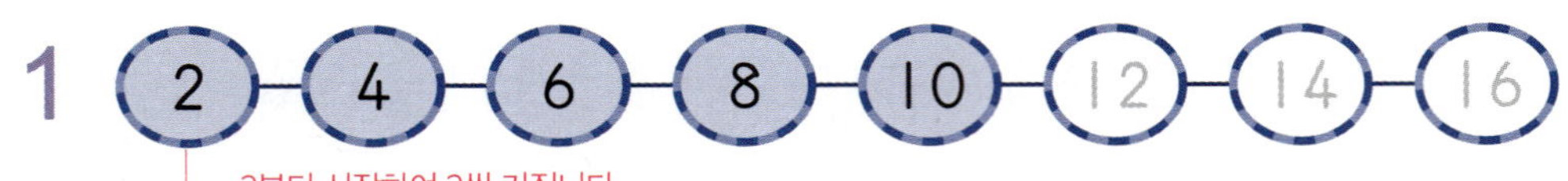

　　2 — 4 — 6 — 8 — 10 — 12 — 14 — 16
└─2부터 시작하여 2씩 커집니다.

2　

　　3 — 6 — 9 — 12 — 15 — ◯ — ◯ — ◯

3　10 — 15 — 20 — 25 — ◯ — ◯ — 40 — ◯

4　

　　1 — 10 — 19 — ◯ — 37 — 46 — ◯ — ◯

5　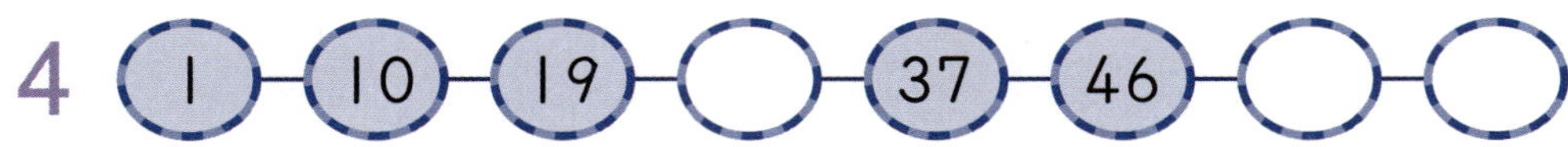

　　35 — 43 — ◯ — 59 — ◯ — 75 — ◯ — 91

6　

　　41 — 48 — 55 — ◯ — 69 — ◯ — 83 — ◯

7　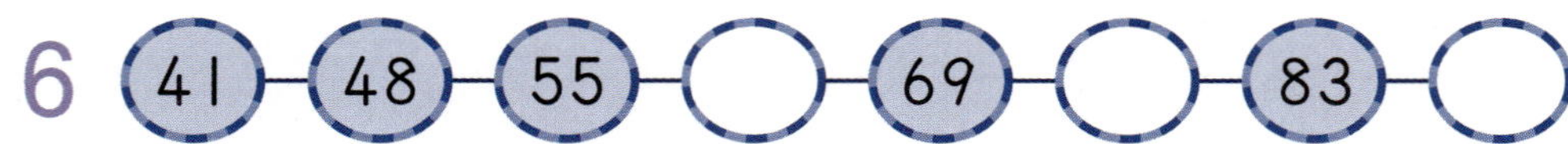

　　22 — 33 — ◯ — 55 — 66 — ◯ — ◯ — 99

6 수 배열에서 규칙 찾기 (3)

✹ 작아지는 규칙에 따라 빈 곳에 알맞은 수를 써넣으시오.

1 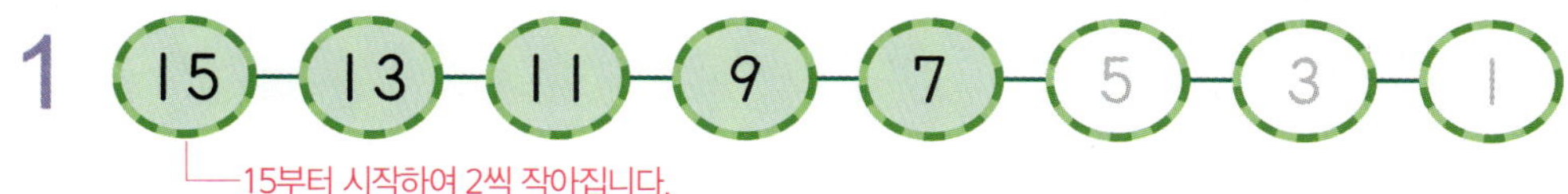
15부터 시작하여 2씩 작아집니다.

2 

3 

4 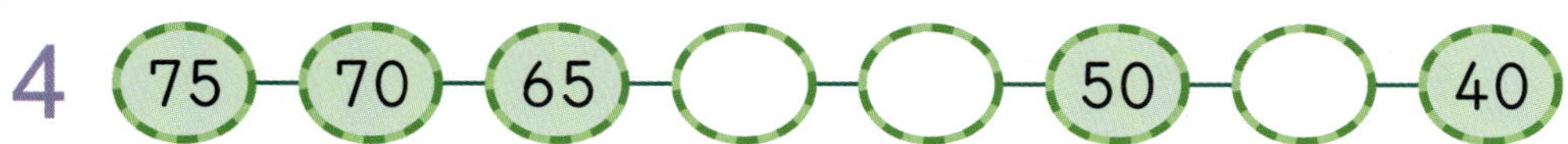

5 

6 

7 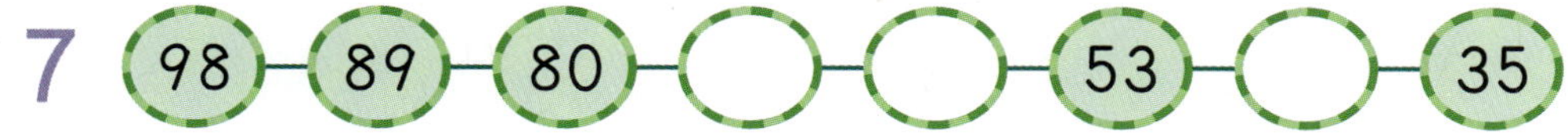

7 수 배열표에서 규칙 찾기

☀ 수 배열표에서 규칙을 찾아 와 ♥에 알맞은 수를 각각 구하시오.

1 오른쪽으로 1칸 갈 때마다 1씩 커집니다.

아래쪽으로 1칸 갈 때마다 10씩 커집니다.

31	32	33				
41				○		
	♥					

○ (46)
♥ (52)

2

61		64				70
	72	73		○		
81						
		♥				

○ ( )
♥ ( )

4

50	51			○
56				
			♥

○ ( )
♥ ( )

3

41			44
	○		49
♥			

○ ( )
♥ ( )

5

66		68		
○		75		
		♥		

○ ( )
♥ ( )

☀ 규칙을 찾아 빈 곳에 알맞은 그림이나 수를 써넣으시오.

1

오이는 ⬤, 양파는 △로 나타냅니다.

2

4	2	4	2	4	2

3

?	!	!	?	!	!		

4

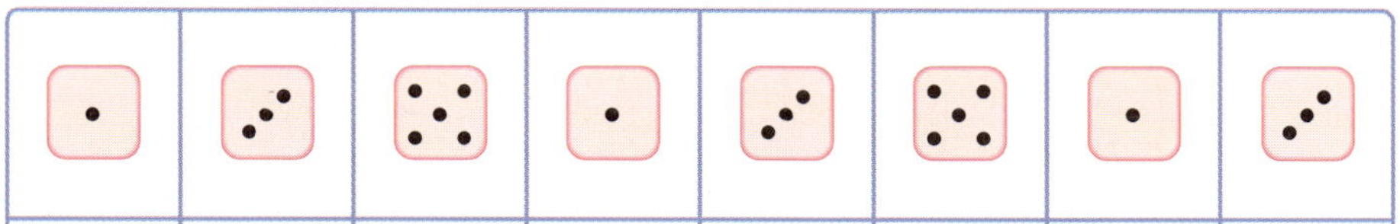

I	3	5	I	3			3

1 규칙에 따라 빈칸에 알맞은 그림을 그려 보시오.

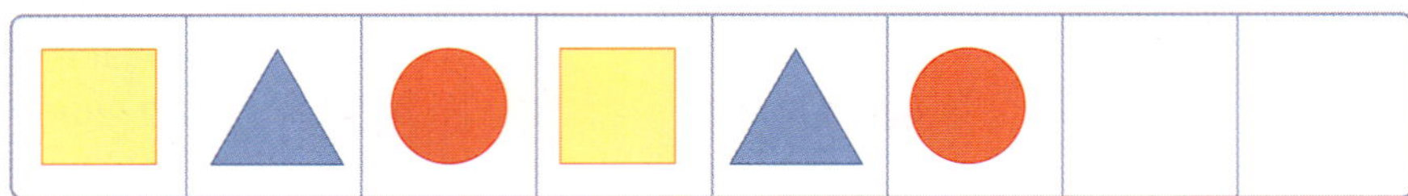

2 규칙을 찾아 말해 보시오.

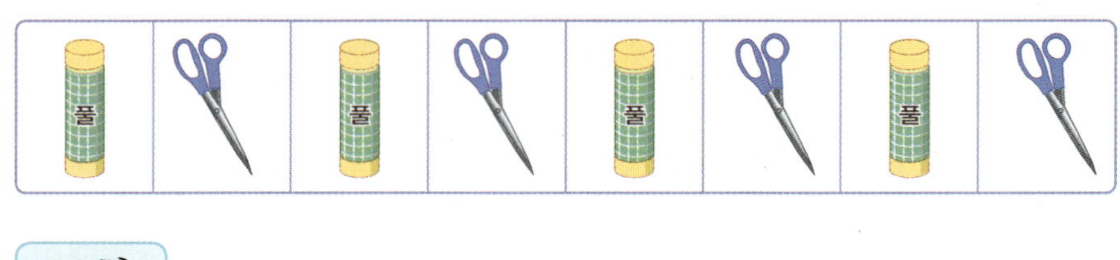

규칙 ___________________________

• 풀과 가위가 어떤 규칙으로 놓여 있는지 알아봅니다.

3 규칙에 따라 알맞은 색으로 빈칸을 색칠해 보시오.

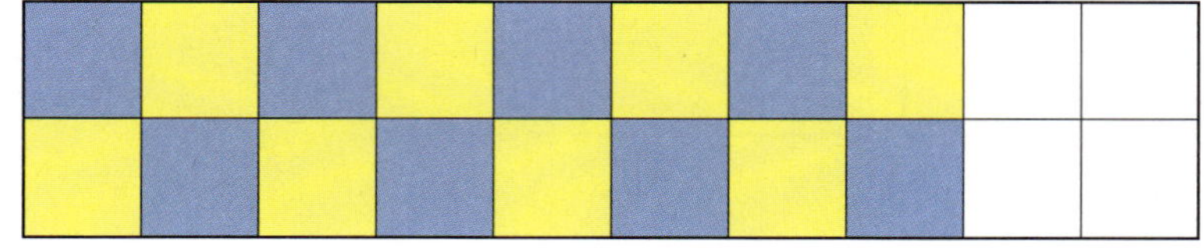

4 반복되는 규칙에 따라 빈 곳에 알맞은 수를 써넣으시오.

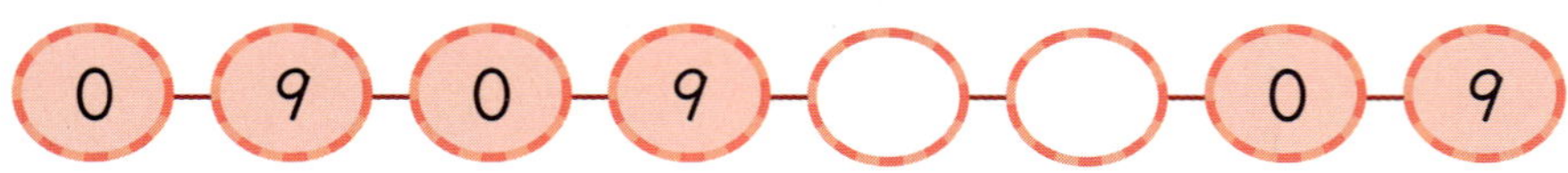

5 커지는 규칙에 따라 빈 곳에 알맞은 수를 써넣으시오.

• 수가 커지는 규칙을 찾아 봅니다.

6 작아지는 규칙에 따라 빈 곳에 알맞은 수를 써넣으시오.

7 수 배열표에서 규칙을 찾아 ☆에 알맞은 수를 구하시오.

				67	68
					79	80
☆					

(   )

• 아래쪽으로 1칸 갈 때마다 몇 씩 커지는지 알아봅니다.

8 규칙을 찾아 빈칸에 알맞은 수를 써넣으시오.

2	2	10	2	2			2

5

규칙 찾기

덧셈과 뺄셈 (3)

제6화 과연 보물 지도가 맞을까?

$$\begin{array}{r} 45 \\ -\ 23 \\ \hline \end{array} \Rightarrow \begin{array}{r} 45 \\ -\ 23 \\ \hline 2 \end{array} \Rightarrow \begin{array}{r} 45 \\ -\ 23 \\ \hline 22 \end{array}$$

낱개는 낱개끼리, 10개씩 묶음은 10개씩 묶음끼리 뺍니다.

배운 것 확인하기

☀ □ 안에 알맞은 수를 써넣으시오.

1 6+6 = ☐ 12
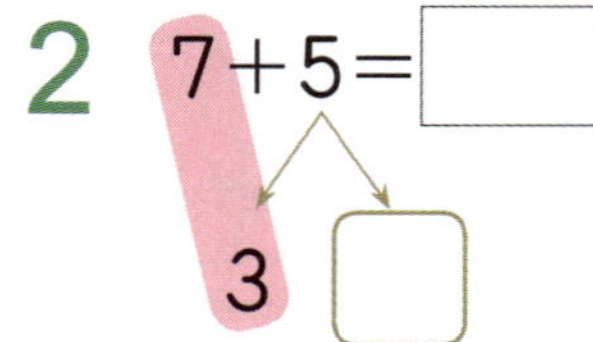
4 2

2 7+5 = ☐
3 ☐

3 8+3 = ☐
☐ 1

4 9+6 = ☐
☐ 5

5 8+7 = ☐

☀ □ 안에 알맞은 수를 써넣으시오.

1 4+8 = ☐ 12
2 2

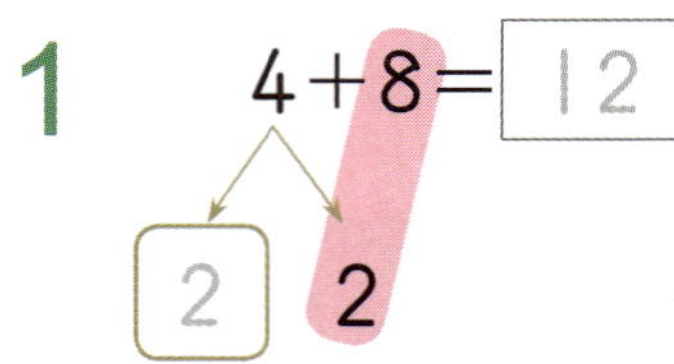

2 5+6 = ☐
☐ 4

3 6+7 = ☐
3 ☐

4 7+9 = ☐
6 ☐

5 9+8 = ☐

☀ ☐ 안에 알맞은 수를 써넣으시오.

1 12−4= 8

2 2

2 11−5= ☐

1 ☐

3 13−7= ☐

☐ 4

4 14−6= ☐

☐ 2

5 15−8= ☐

☀ ☐ 안에 알맞은 수를 써넣으시오.

1 13−5= 8

10 3

2 12−6= ☐

10 ☐

3 11−4= ☐

☐ 1

4 14−8= ☐

☐ 4

5 16−9= ☐

☀ 그림을 보고 ☐ 안에 알맞은 수를 써넣으시오.

1

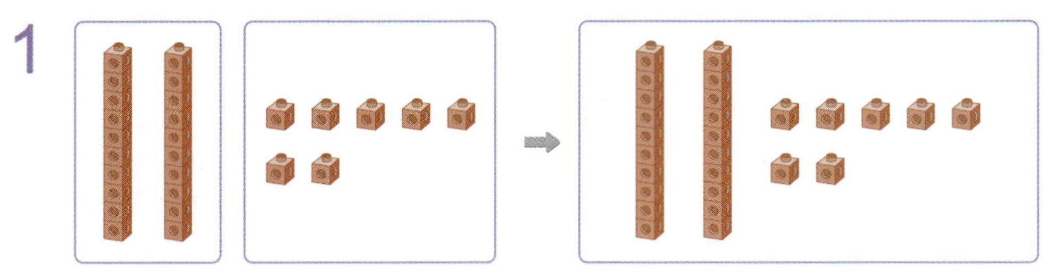

$20+7=\boxed{27}$ — 10개씩 묶음 2개와 낱개 7개이므로
27입니다.

2

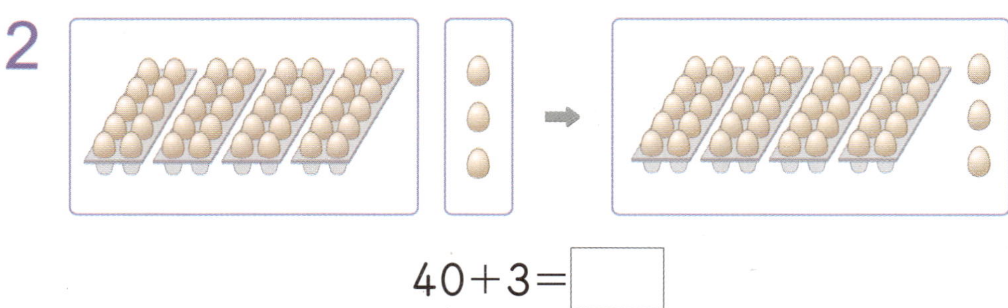

$40+3=\boxed{}$

3

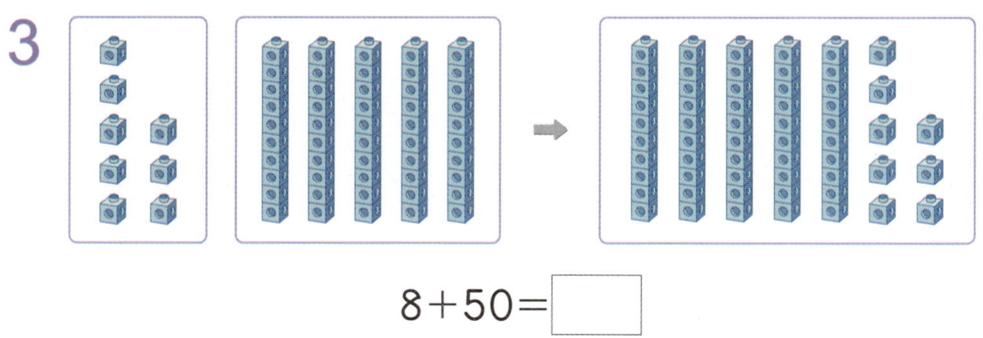

$8+50=\boxed{}$

4

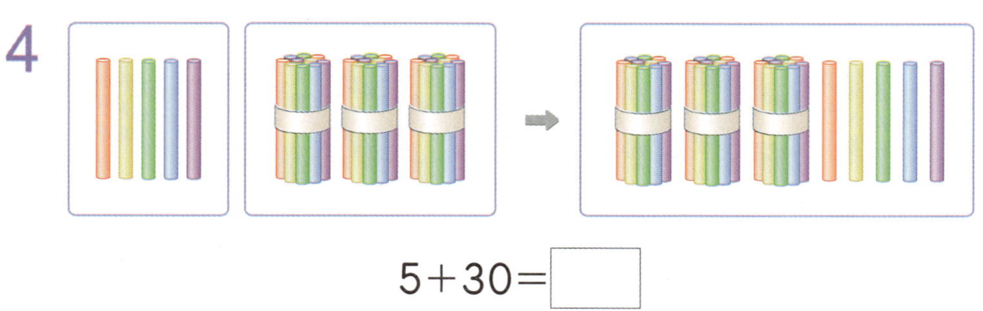

$5+30=\boxed{}$

② (몇십)+(몇), (몇)+(몇십) (2)

☀ 덧셈을 하시오.

1
```
   1 0
+    7
─────
   1 7
```

2
```
   3 0
+    2
─────
```

3
```
   5 0
+    9
─────
```

4
```
   7 0
+    3
─────
```

5
```
   9 0
+    4
─────
```

6
```
   8 0
+    5
─────
```

7
```
   2 0
+    3
─────
```

8
```
     9
+  1 0
─────
```

9
```
     2
+  5 0
─────
```

10
```
     1
+  2 0
─────
```

11
```
     6
+  4 0
─────
```

12
```
     8
+  3 0
─────
```

13
```
     5
+  6 0
─────
```

14
```
     7
+  8 0
─────
```

3 (몇십)+(몇), (몇)+(몇십) (3)

☀ 덧셈을 하시오.

1 30+6= 36

2 10+4=

3 40+8=

4 20+5=

5 70+1=

6 90+3=

7 2+40=

8 5+80=

9 9+20=

10 4+50=

11 8+90=

12 7+60=

4 (몇십몇)+(몇) (1)

✹ 그림을 보고 □ 안에 알맞은 수를 써넣으시오.

1

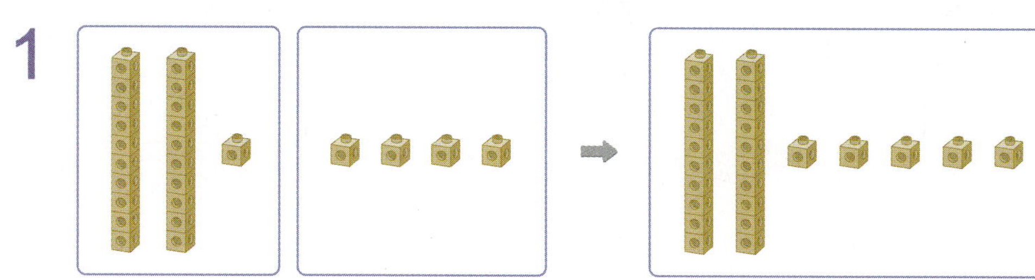

$21+4=\boxed{25}$

10개씩 묶음 2개와
낱개 1+4=5(개)이므로
25입니다.

2

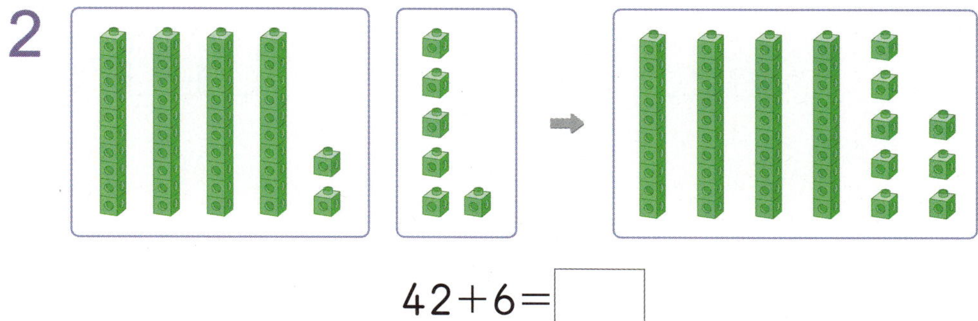

$42+6=\boxed{}$

3

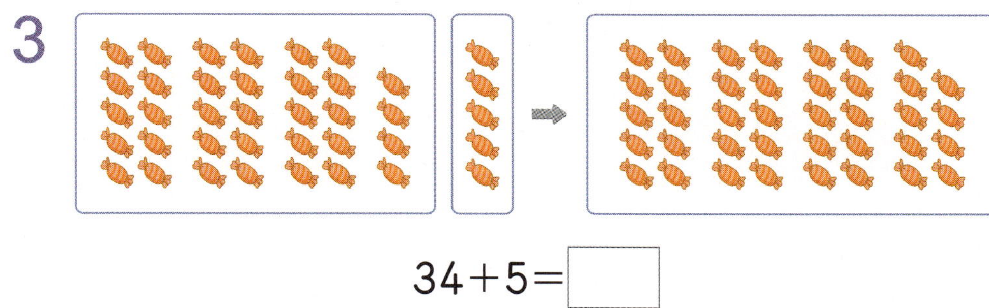

$34+5=\boxed{}$

4

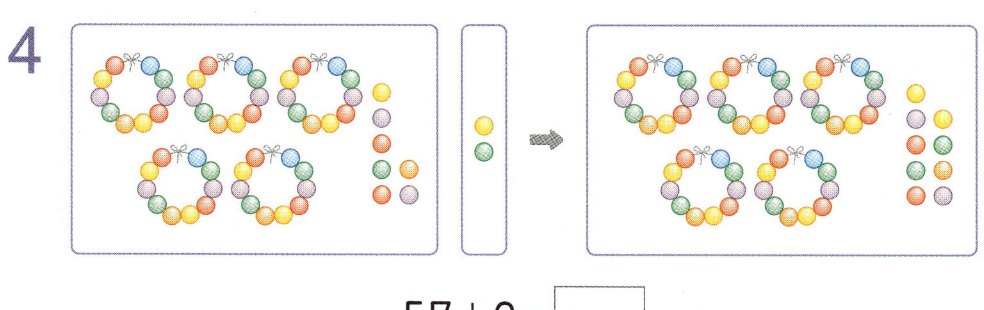

$57+2=\boxed{}$

5 (몇십몇)+(몇) ⑵

☀ 덧셈을 하시오.

1
```
   1 4
 +   5
-------
   1 9
```
4+5=9

10
```
   4 2
 +   5
-------
```

2
```
   3 2
 +   3
-------
```

6
```
   9 3
 +   1
-------
```

11
```
   8 7
 +   2
-------
```

3
```
   5 1
 +   7
-------
```

7
```
   6 4
 +   3
-------
```

12
```
   3 1
 +   8
-------
```

4
```
   2 3
 +   4
-------
```

8
```
   1 7
 +   2
-------
```

13
```
   6 4
 +   2
-------
```

5
```
   7 8
 +   1
-------
```

9
```
   5 2
 +   2
-------
```

14
```
   9 5
 +   3
-------
```

☀ 덧셈을 하시오.

1 12+6= 18
2+6=8

2 38+1=

3 54+2=

4 62+7=

5 23+5=

6 71+4=

7 26+3=

8 73+3=

9 43+4=

10 91+5=

11 65+2=

12 84+3=

☀ 그림을 보고 □ 안에 알맞은 수를 써넣으시오.

1

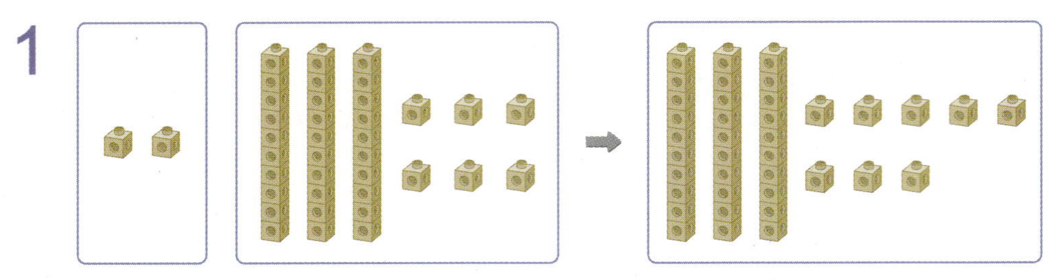

$$2+36=\boxed{38}$$

10개씩 묶음 3개와 낱개 2+6=8(개)이므로 38입니다.

2

$$3+51=\boxed{}$$

3

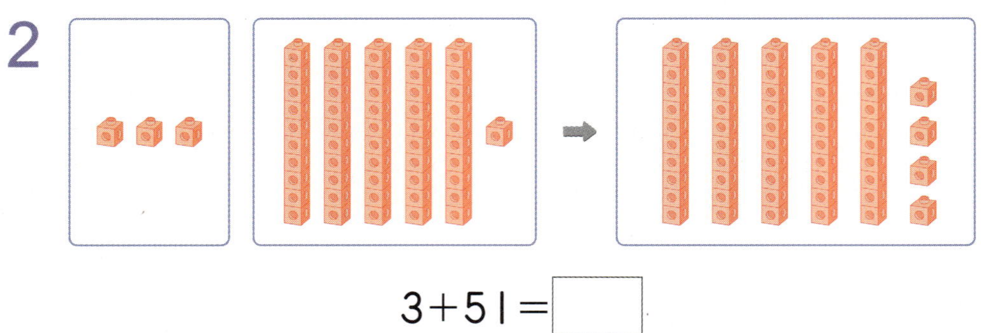

$$4+15=\boxed{}$$

4

$$5+43=\boxed{}$$

☀ 덧셈을 하시오.

1
```
    6
+ 1 3
─────
  1 9
```
6+3=9

10
```
    4
+ 2 5
─────
```

2
```
    2
+ 4 7
─────
```

6
```
    1
+ 3 8
─────
```

11
```
    5
+ 8 2
─────
```

3
```
    3
+ 6 4
─────
```

7
```
    4
+ 1 4
─────
```

12
```
    2
+ 7 6
─────
```

4
```
    1
+ 9 4
─────
```

8
```
    5
+ 3 3
─────
```

13
```
    6
+ 3 1
─────
```

5
```
    7
+ 5 2
─────
```

9
```
    2
+ 8 2
─────
```

14
```
    3
+ 9 3
─────
```

6 덧셈과 뺄셈 (3)

9 (몇)+(몇십몇) ⑶

☀ 덧셈을 하시오.

1 2+24= 26

2+4=6

2 5+11=

3 1+68=

4 3+36=

5 4+85=

6 6+41=

7 7+82=

8 3+94=

9 2+55=

10 8+21=

11 6+92=

12 5+73=

10 (몇십)+(몇십) (1)

✹ 그림을 보고 ☐ 안에 알맞은 수를 써넣으시오.

1

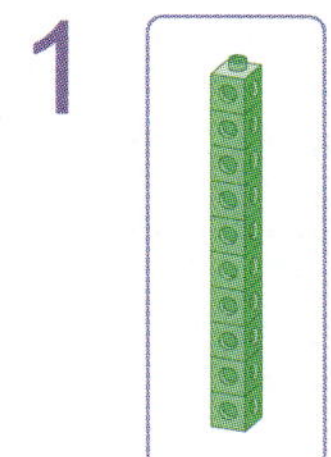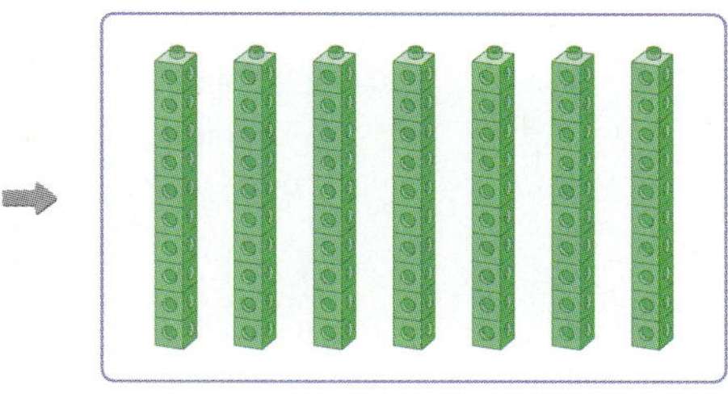

$$10+60=\boxed{70}$$

10개씩 묶음 1+6=7(개)이므로 70입니다.

2

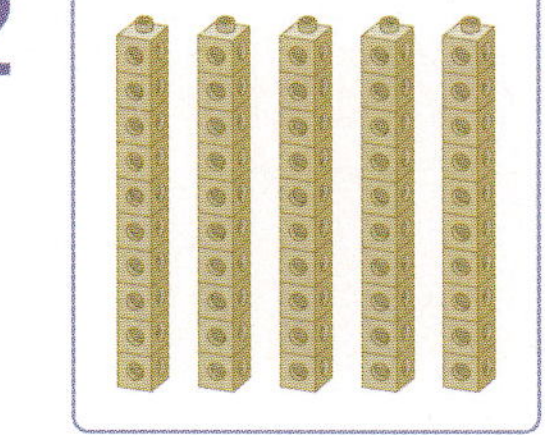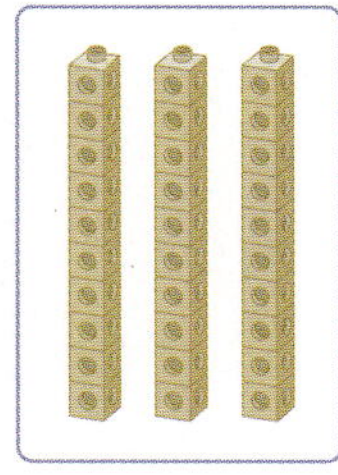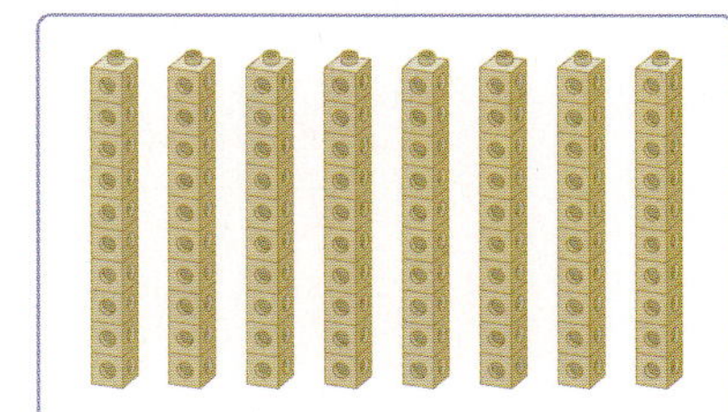

$$50+30=\boxed{}$$

3

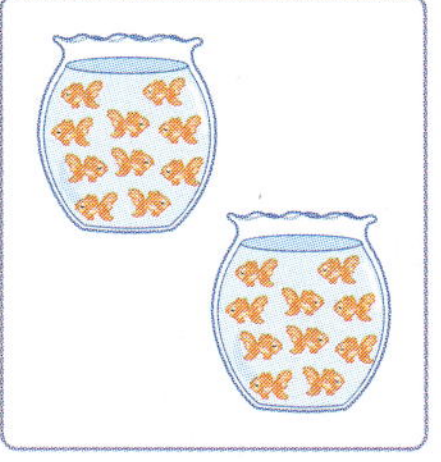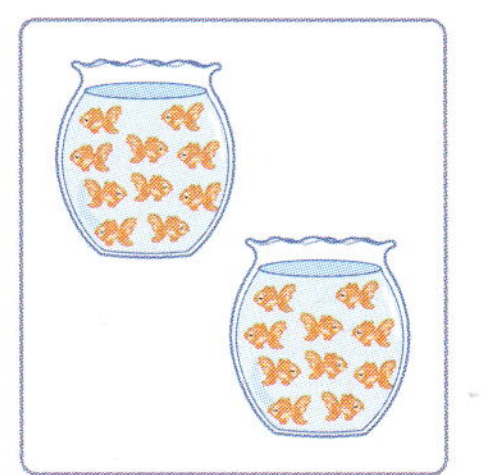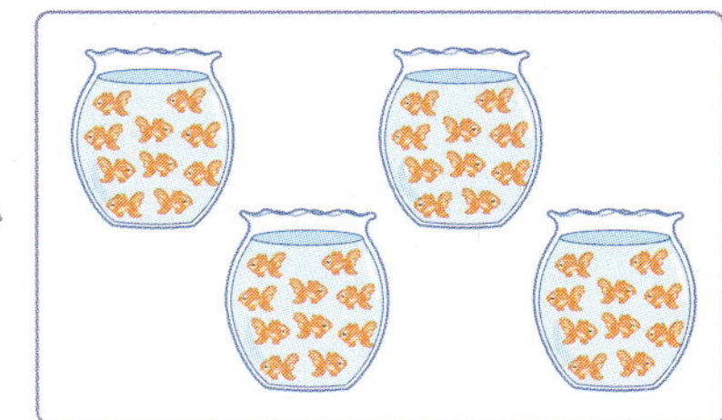

$$20+20=\boxed{}$$

4

$$30+40=\boxed{}$$

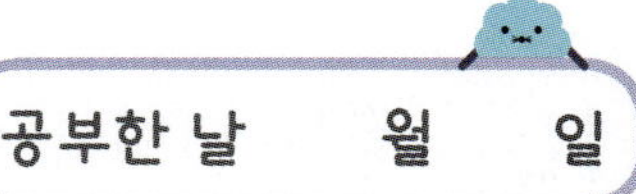

☀ 덧셈을 하시오.

1
```
   2 0
 + 3 0
 -----
   5 0
```
2+3=5   낱개는 0입니다.

10
```
   4 0
 + 4 0
 -----
```

2
```
   1 0
 + 4 0
 -----
```

6
```
   6 0
 + 1 0
 -----
```

11
```
   2 0
 + 5 0
 -----
```

3
```
   3 0
 + 6 0
 -----
```

7
```
   1 0
 + 1 0
 -----
```

12
```
   5 0
 + 4 0
 -----
```

4
```
   5 0
 + 1 0
 -----
```

8
```
   2 0
 + 4 0
 -----
```

13
```
   6 0
 + 2 0
 -----
```

5
```
   7 0
 + 2 0
 -----
```

9
```
   3 0
 + 5 0
 -----
```

14
```
   8 0
 + 1 0
 -----
```

12 (몇십)+(몇십) (3)

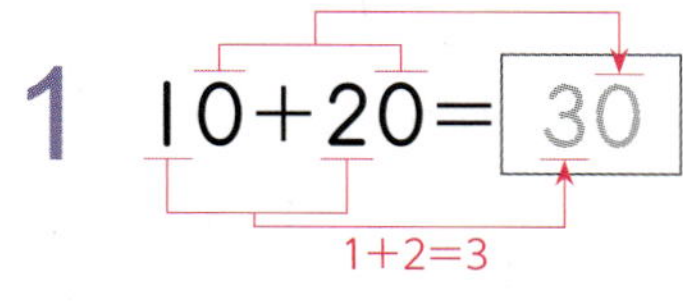

☀ 덧셈을 하시오.

1 $10 + 20 = \boxed{30}$

$1+2=3$

2 $30 + 30 = \boxed{}$

3 $40 + 20 = \boxed{}$

4 $30 + 10 = \boxed{}$

5 $40 + 50 = \boxed{}$

6 $20 + 60 = \boxed{}$

7 $20 + 70 = \boxed{}$

8 $70 + 10 = \boxed{}$

9 $40 + 30 = \boxed{}$

10 $30 + 20 = \boxed{}$

11 $60 + 30 = \boxed{}$

12 $50 + 20 = \boxed{}$

6
덧셈과 뺄셈 (3)

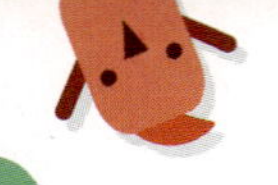

13 (몇십몇)+(몇십), (몇십)+(몇십몇) ⑴

☀ 그림을 보고 ☐ 안에 알맞은 수를 써넣으시오.

1

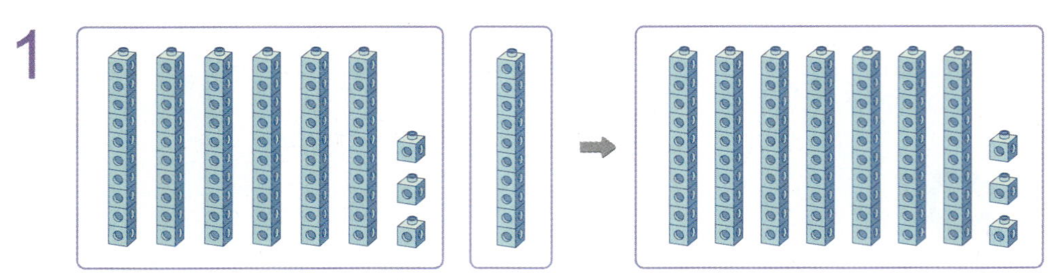

$$63 + 10 = \boxed{73}$$

10개씩 묶음 6+1=7(개)와
낱개 3개이므로 73입니다.

2

$$15 + 20 = \boxed{}$$

3

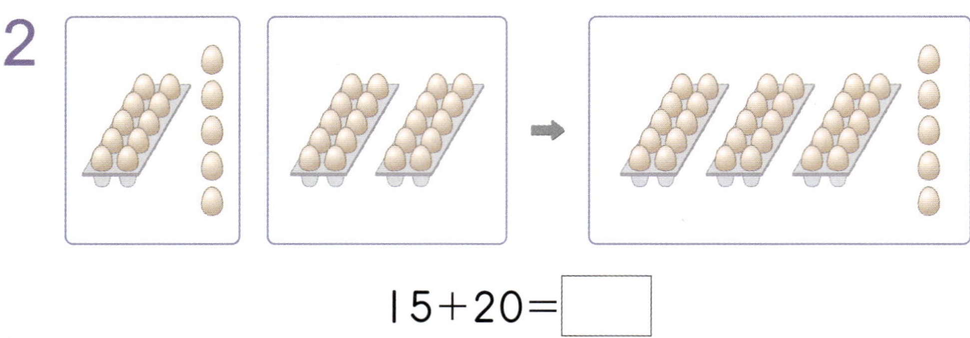

$$30 + 42 = \boxed{}$$

4

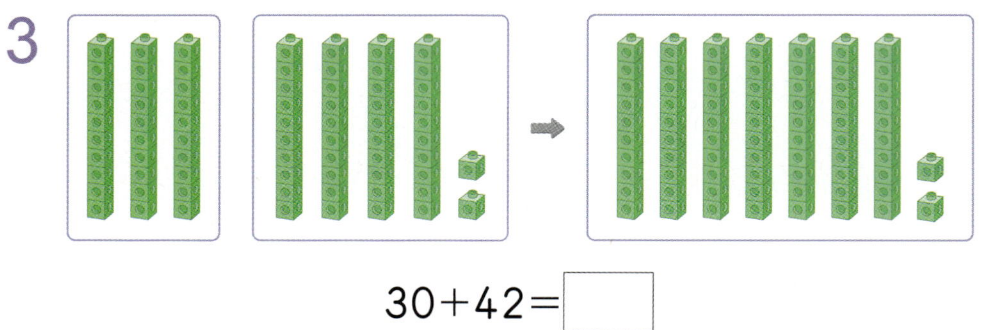

$$40 + 24 = \boxed{}$$

14　(몇십몇)+(몇십), (몇십)+(몇십몇) ⑵

☀ 덧셈을 하시오.

1

```
   1 8
 + 3 0
───────
   4 8
```
1+3=4　　8+0=8

2

```
   3 6
 + 4 0
───────
```

3

```
   5 2
 + 1 0
───────
```

4

```
   6 7
 + 2 0
───────
```

5

```
   4 5
 + 5 0
───────
```

6

```
   7 1
 + 1 0
───────
```

7

```
   2 5
 + 6 0
───────
```

8

```
   5 0
 + 1 6
───────
```

9

```
   8 0
 + 1 9
───────
```

10

```
   2 0
 + 2 7
───────
```

11

```
   1 0
 + 8 3
───────
```

12

```
   4 0
 + 3 1
───────
```

13

```
   7 0
 + 2 9
───────
```

14

```
   6 0
 + 1 4
───────
```

☀ 덧셈을 하시오.

1　$25+40=\boxed{65}$

　5+0=5
　2+4=6

2　$19+60=\boxed{}$

3　$44+50=\boxed{}$

4　$62+10=\boxed{}$

5　$38+30=\boxed{}$

6　$71+20=\boxed{}$

7　$20+38=\boxed{}$

8　$70+15=\boxed{}$

9　$50+24=\boxed{}$

10　$40+42=\boxed{}$

11　$60+39=\boxed{}$

12　$80+17=\boxed{}$

16　(몇십몇)+(몇십몇) (1)

☀ 그림을 보고 □ 안에 알맞은 수를 써넣으시오.

1

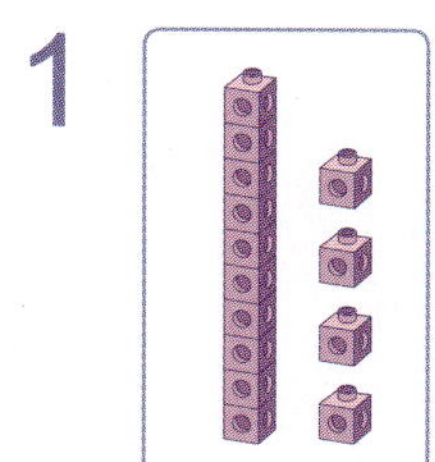 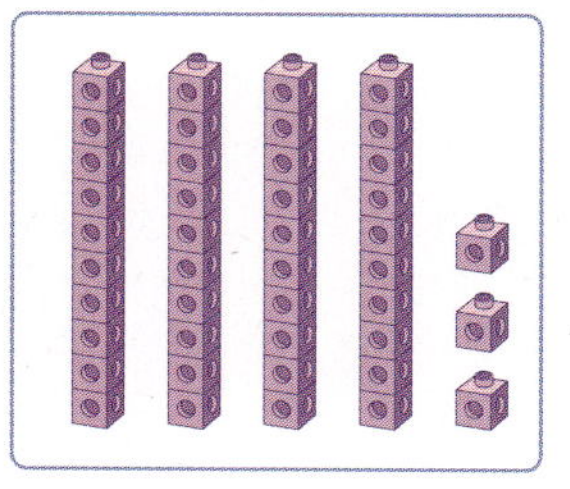 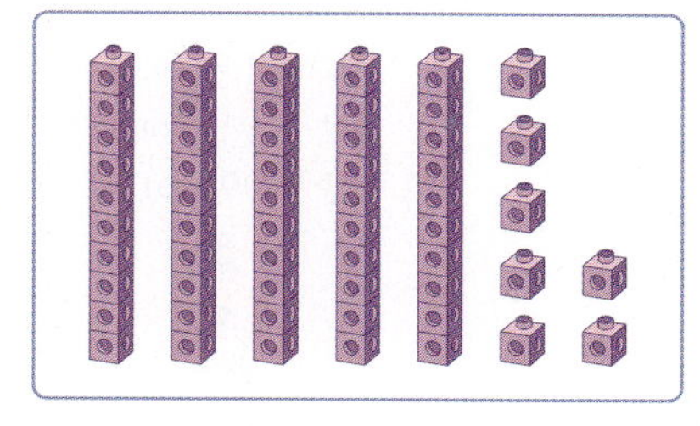

$14+43=\boxed{57}$ 　10개씩 묶음 1+4=5(개)와
낱개 4+3=7(개)이므로 57입니다.

2

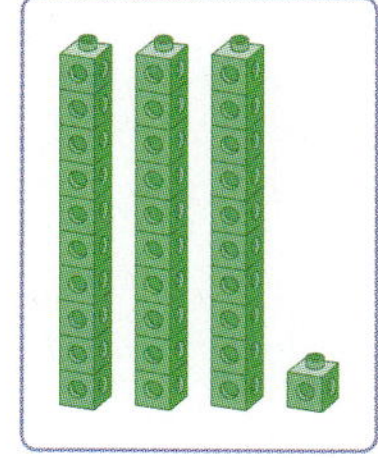 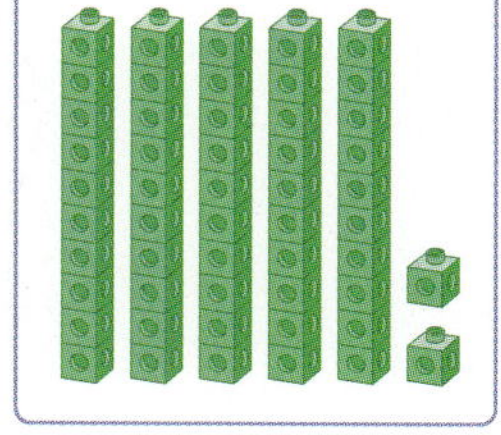 

$31+52=\boxed{}$

3

$24+35=\boxed{}$

4

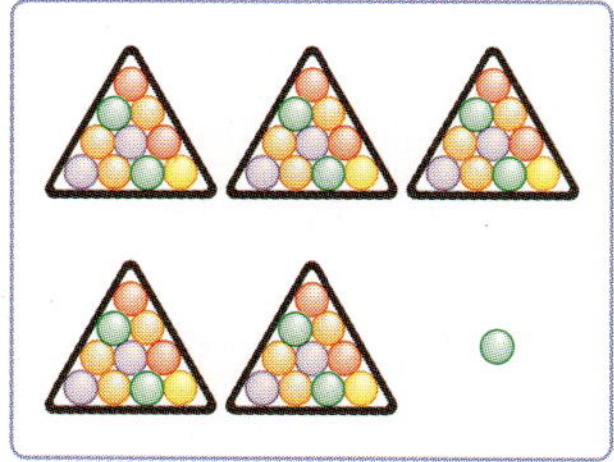 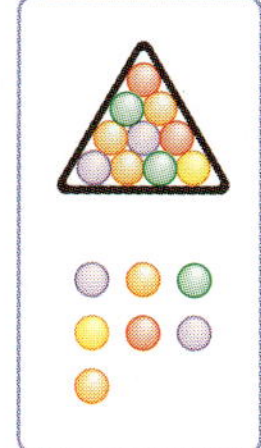 

$51+17=\boxed{}$

17 (몇십몇)+(몇십몇) (2)

☀ 덧셈을 하시오.

1

```
    1  5
+   2  1
─────────
    3  6
```
1+2=3   5+1=6

2

```
    2  4
+   3  4
─────────
```

3

```
    3  2
+   4  7
─────────
```

4

```
    1  4
+   3  5
─────────
```

5

```
    6  2
+   2  6
─────────
```

6

```
    7  2
+   2  5
─────────
```

7

```
    6  1
+   1  2
─────────
```

8

```
    4  3
+   4  1
─────────
```

9

```
    3  5
+   6  1
─────────
```

10

```
    2  3
+   4  3
─────────
```

11

```
    3  6
+   5  1
─────────
```

12

```
    4  5
+   1  3
─────────
```

13

```
    5  2
+   2  2
─────────
```

14

```
    7  7
+   1  2
─────────
```

18 (몇십몇)+(몇십몇) (3)

❈ 덧셈을 하시오.

1 $13+16=$ 29

2 $32+61=$

3 $55+12=$

4 $45+24=$

5 $17+82=$

6 $51+43=$

7 $22+26=$

8 $23+34=$

9 $31+42=$

10 $14+72=$

11 $64+25=$

12 $87+11=$

6

덧셈과 뺄셈 (3)

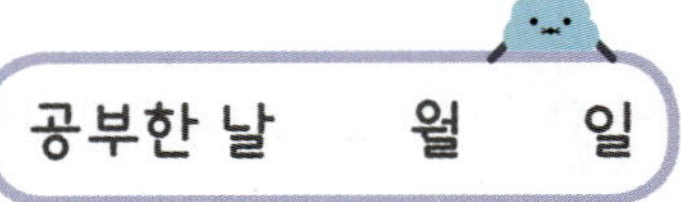

☀ 크기를 비교하여 ○ 안에 >, =, <를 알맞게 써넣으시오.

1 $\underset{27}{20+7}$ ⊘ 29

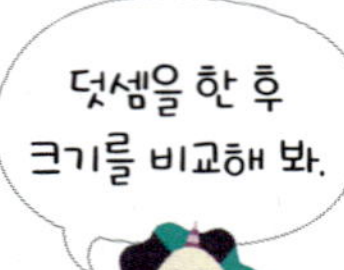

7 8+40 ○ 45+2

2 16+50 ○ 65

8 6+72 ○ 70+9

3 38+11 ○ 50

9 20+30 ○ 10+60

4 91 ○ 62+3

10 62+20 ○ 50+44

5 70 ○ 40+30

11 26+43 ○ 34+32

6 98 ○ 25+74

12 36+51 ○ 42+47

☀ **문구점 진열장을 보고 알맞은 덧셈식을 세우고 답을 구하시오.**

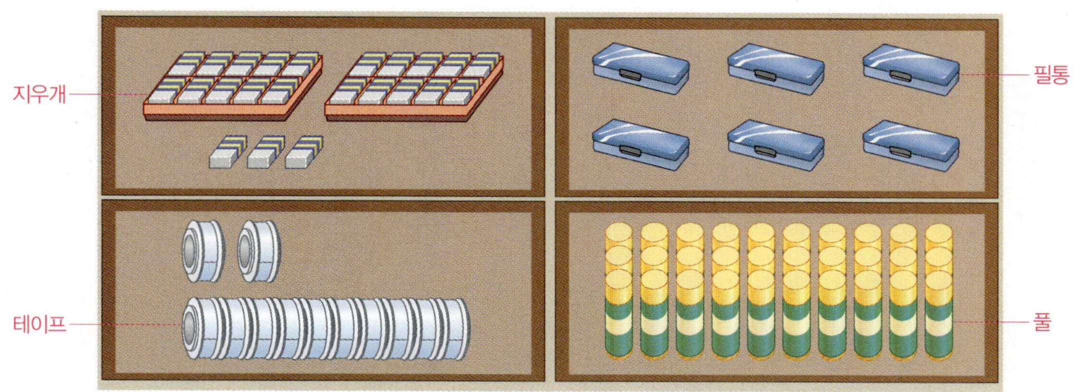

1 필통과 풀은 모두 몇 개입니까?

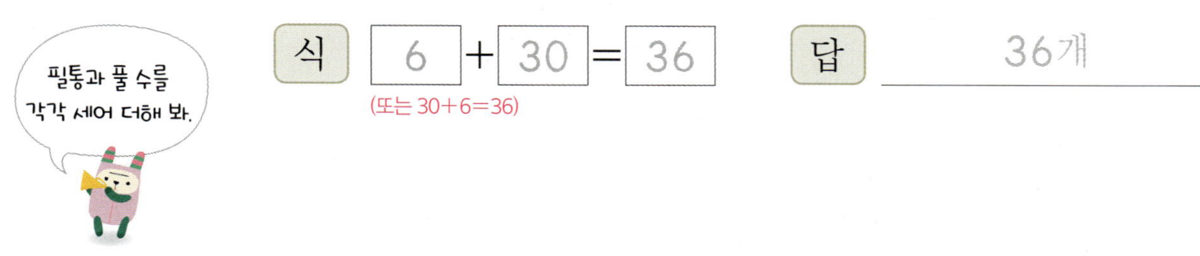

식 $6 + 30 = 36$ 답   36개

(또는 30+6=36)

2 지우개와 테이프는 모두 몇 개입니까?

식 ☐ + ☐ = ☐   답 ____________

3 윗줄에 있는 학용품은 모두 몇 개입니까?

식 ☐ + ☐ = ☐   답 ____________

4 아랫줄에 있는 학용품은 모두 몇 개입니까?

식 ☐ + ☐ = ☐   답 ____________

☀ 그림을 보고 □ 안에 알맞은 수를 써넣으시오.

1

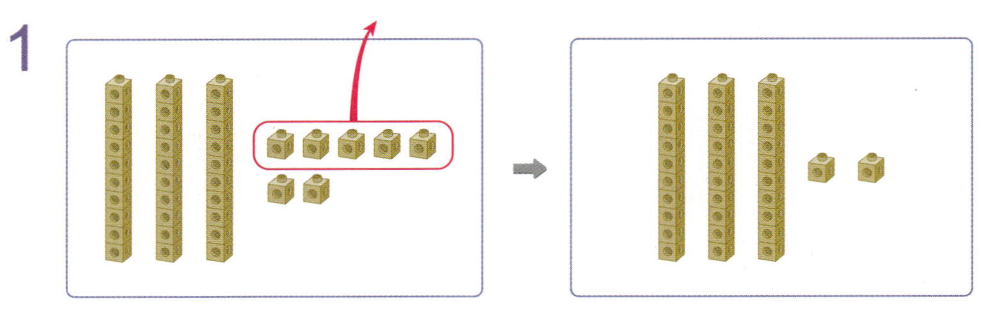

$37-5=\boxed{32}$ ─ 10개씩 묶음 3개와 낱개 7−5=2(개)가
　　　　　　　　　남았으므로 32입니다.

2

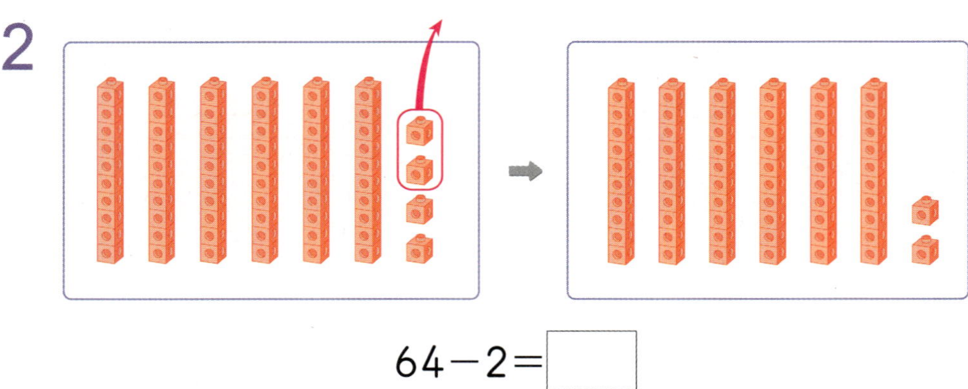

$64-2=\boxed{}$

3

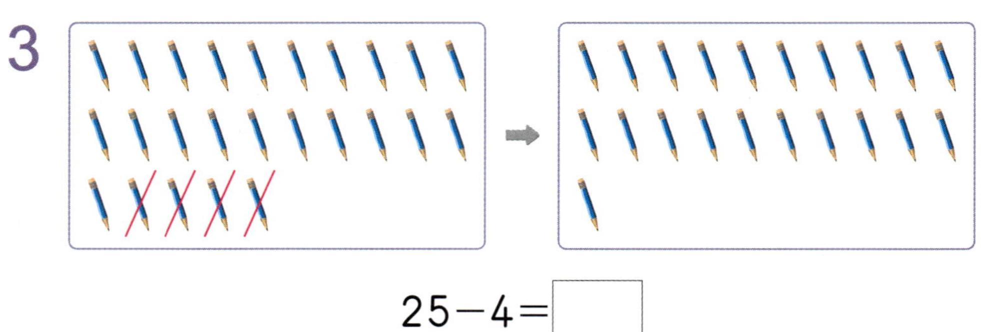

$25-4=\boxed{}$

4

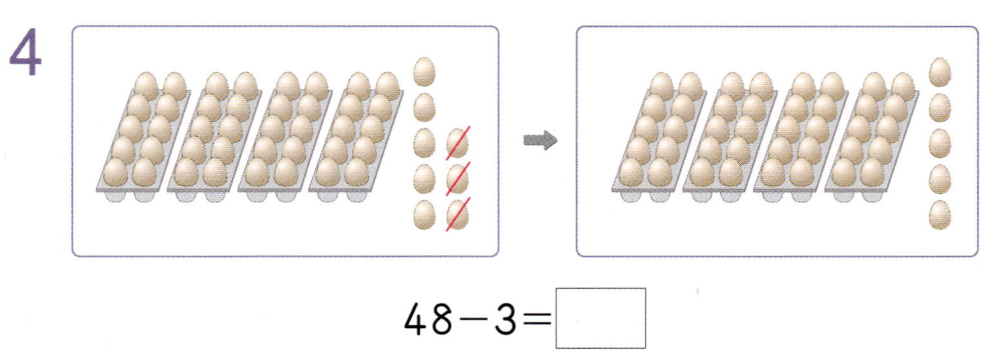

$48-3=\boxed{}$

☀ 뺄셈을 하시오.

1
```
  1 9
−   4
─────
  1 5
```
└ 9−4=5

10
```
  5 2
−   1
─────
```

2
```
  3 3
−   2
─────
```

6
```
  7 5
−   4
─────
```

11
```
  4 7
−   3
─────
```

3
```
  2 6
−   5
─────
```

7
```
  5 5
−   1
─────
```

12
```
  6 9
−   6
─────
```

4
```
  6 5
−   3
─────
```

8
```
  3 6
−   6
─────
```

13
```
  7 4
−   2
─────
```

5
```
  8 9
−   8
─────
```

9
```
  4 8
−   5
─────
```

14
```
  9 8
−   7
─────
```


6
덧셈과 뺄셈 (3)

☀ 뺄셈을 하시오.

1 $14 - 1 = \boxed{13}$

2 $38 - 6 = \boxed{}$

3 $57 - 4 = \boxed{}$

4 $85 - 1 = \boxed{}$

5 $63 - 2 = \boxed{}$

6 $78 - 3 = \boxed{}$

7 $29 - 8 = \boxed{}$

8 $66 - 2 = \boxed{}$

9 $76 - 5 = \boxed{}$

10 $47 - 7 = \boxed{}$

11 $95 - 4 = \boxed{}$

12 $88 - 6 = \boxed{}$

☀ 그림을 보고 ☐ 안에 알맞은 수를 써넣으시오.

1

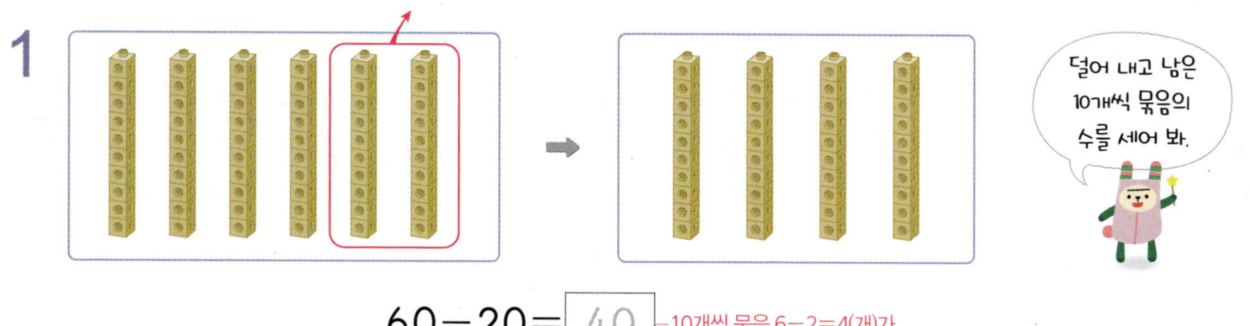

$60-20=\boxed{40}$

10개씩 묶음 $6-2=4$(개)가
남았으므로 40입니다.

2

$80-50=\boxed{}$

3

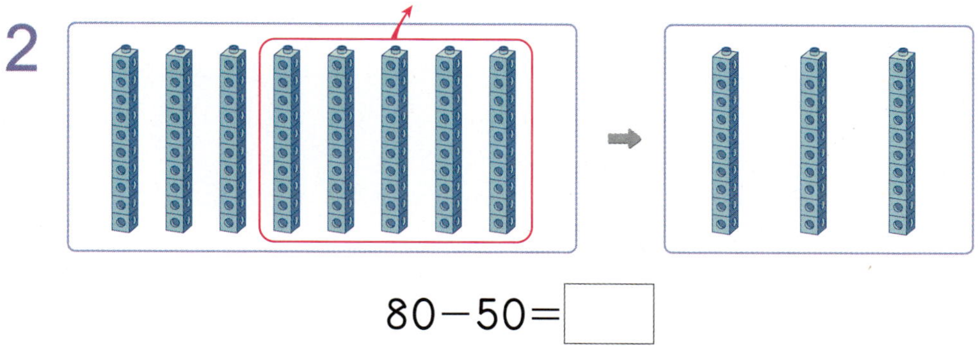

$40-10=\boxed{}$

4

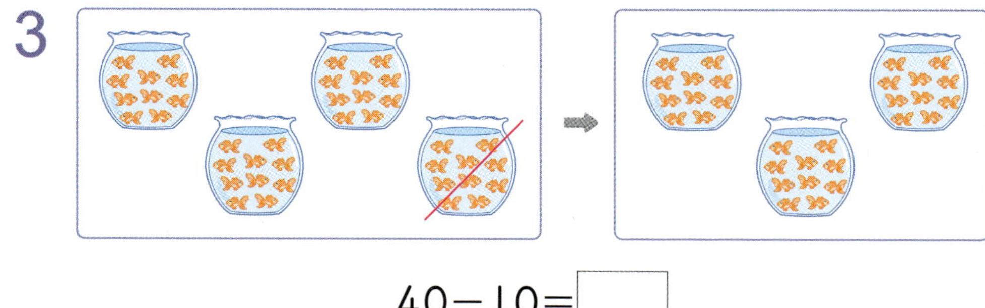

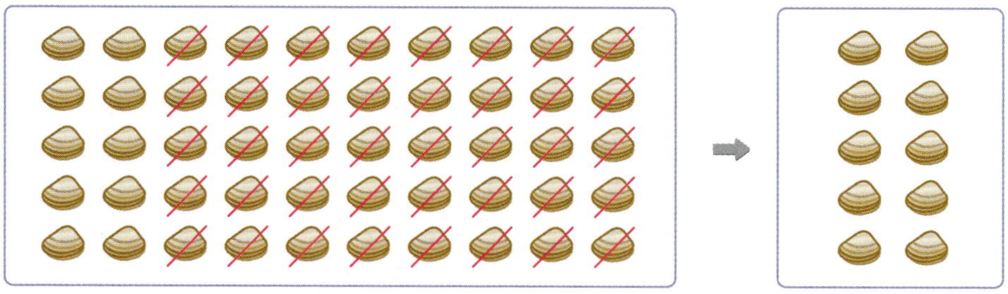

$50-40=\boxed{}$

25 (몇십)−(몇십) ⑵

☀ **뺄셈을 하시오.**

1
$$\begin{array}{r} 3\ 0 \\ -\ 1\ 0 \\ \hline 2\ 0 \end{array}$$
3−1=2   0은 그대로 내려 씁니다.

10
$$\begin{array}{r} 5\ 0 \\ -\ 3\ 0 \\ \hline \end{array}$$

2
$$\begin{array}{r} 4\ 0 \\ -\ 2\ 0 \\ \hline \end{array}$$

6
$$\begin{array}{r} 9\ 0 \\ -\ 5\ 0 \\ \hline \end{array}$$

11
$$\begin{array}{r} 8\ 0 \\ -\ 6\ 0 \\ \hline \end{array}$$

3
$$\begin{array}{r} 6\ 0 \\ -\ 1\ 0 \\ \hline \end{array}$$

7
$$\begin{array}{r} 7\ 0 \\ -\ 5\ 0 \\ \hline \end{array}$$

12
$$\begin{array}{r} 7\ 0 \\ -\ 1\ 0 \\ \hline \end{array}$$

4
$$\begin{array}{r} 8\ 0 \\ -\ 3\ 0 \\ \hline \end{array}$$

8
$$\begin{array}{r} 3\ 0 \\ -\ 2\ 0 \\ \hline \end{array}$$

13
$$\begin{array}{r} 6\ 0 \\ -\ 4\ 0 \\ \hline \end{array}$$

5
$$\begin{array}{r} 7\ 0 \\ -\ 4\ 0 \\ \hline \end{array}$$

9
$$\begin{array}{r} 8\ 0 \\ -\ 7\ 0 \\ \hline \end{array}$$

14
$$\begin{array}{r} 9\ 0 \\ -\ 2\ 0 \\ \hline \end{array}$$

☀ 뺄셈을 하시오.

1 20−10=『10』
2−1=1

2 80−20=

3 70−60=

4 50−20=

5 90−80=

6 60−50=

7 40−30=

8 80−40=

9 50−10=

10 60−30=

11 70−20=

12 90−60=

6

덧셈과 뺄셈 (3)

☀ 그림을 보고 ☐ 안에 알맞은 수를 써넣으시오.

1

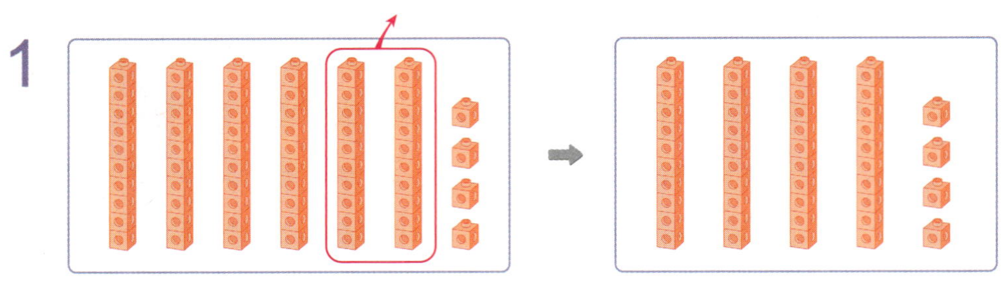

$$64-20=\boxed{44}$$
10개씩 묶음 6−2=4(개)와 낱개 4개가 남았으므로 44입니다.

2

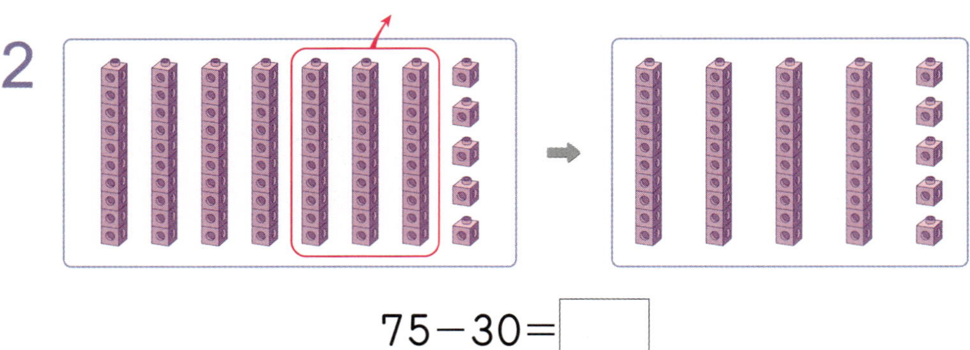

$$75-30=\boxed{}$$

3

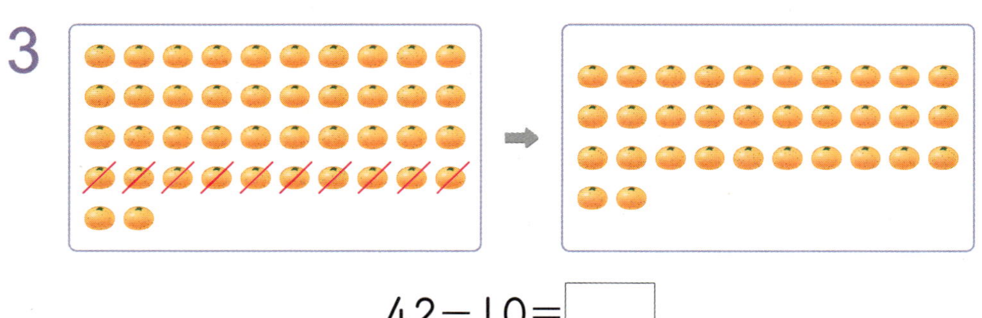

$$42-10=\boxed{}$$

4

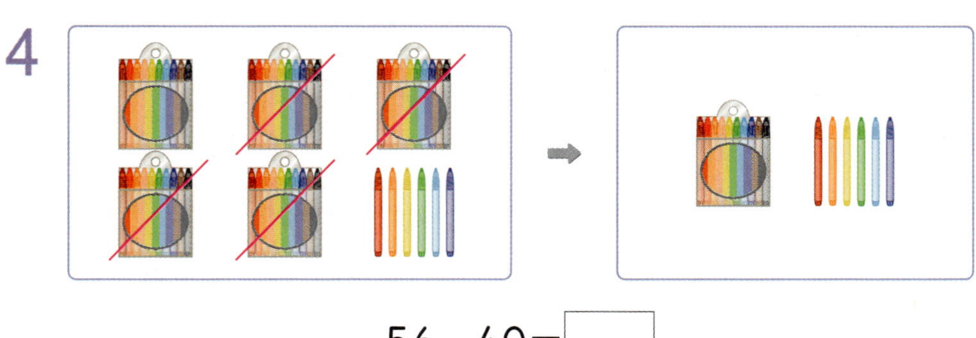

$$56-40=\boxed{}$$

☀ 뺄셈을 하시오.

1
```
   2 7
 - 1 0
───────
 [1] [7]
```
2−1=1   7−0=7

10
```
   3 6
 - 2 0
───────
 [ ] [ ]
```

2
```
   4 5
 - 2 0
───────
 [ ] [ ]
```

6
```
   9 4
 - 3 0
───────
 [ ] [ ]
```

11
```
   5 3
 - 4 0
───────
 [ ] [ ]
```

3
```
   6 8
 - 4 0
───────
 [ ] [ ]
```

7
```
   4 7
 - 3 0
───────
 [ ] [ ]
```

12
```
   8 1
 - 5 0
───────
 [ ] [ ]
```

4
```
   8 9
 - 5 0
───────
 [ ] [ ]
```

8
```
   5 6
 - 1 0
───────
 [ ] [ ]
```

13
```
   7 2
 - 3 0
───────
 [ ] [ ]
```

5
```
   7 1
 - 6 0
───────
 [ ] [ ]
```

9
```
   2 8
 - 2 0
───────
   [ ]
```

14
```
   9 4
 - 7 0
───────
 [ ] [ ]
```

6
덧셈과 뺄셈 (3)

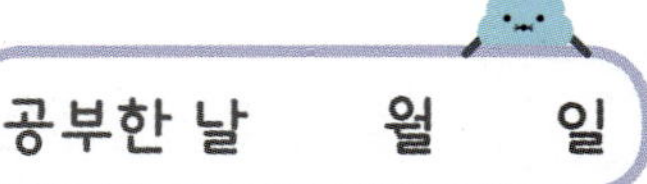

☀ 뺄셈을 하시오.

1 $34 - 20 = 14$

2 $57 - 40 =$ ☐

3 $66 - 30 =$ ☐

4 $48 - 20 =$ ☐

5 $96 - 60 =$ ☐

6 $72 - 50 =$ ☐

7 $28 - 10 =$ ☐

8 $63 - 20 =$ ☐

9 $71 - 40 =$ ☐

10 $99 - 80 =$ ☐

11 $55 - 30 =$ ☐

12 $84 - 70 =$ ☐

30 (몇십몇)−(몇십몇) (1)

☀ 그림을 보고 ☐ 안에 알맞은 수를 써넣으시오.

1

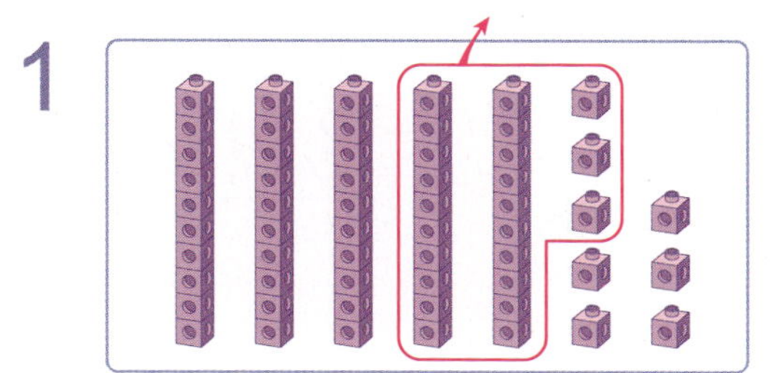
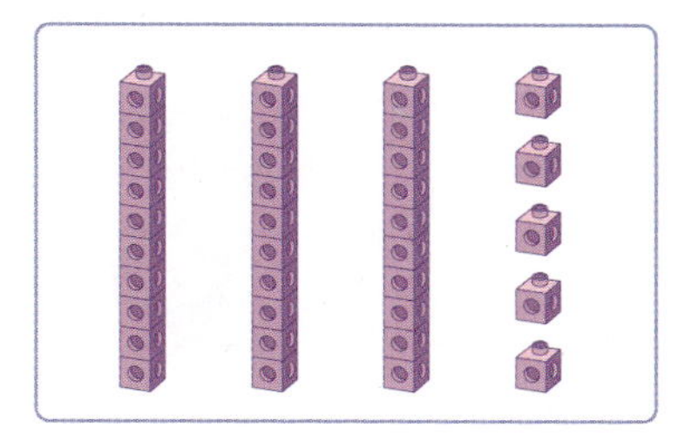

$$58 - 23 = \boxed{35}$$

10개씩 묶음 5−2=3(개)와
낱개 8−3=5(개)가 남았으므로 35입니다.

2

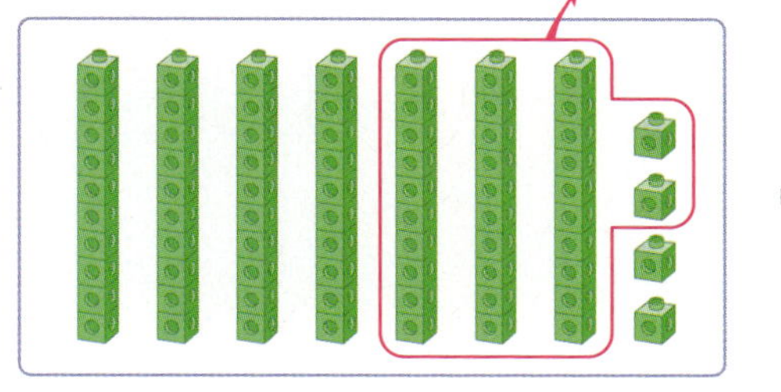
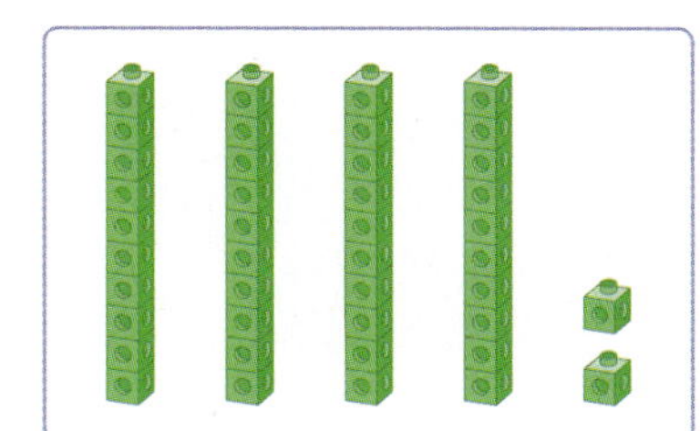

$$74 - 32 = \boxed{}$$

3

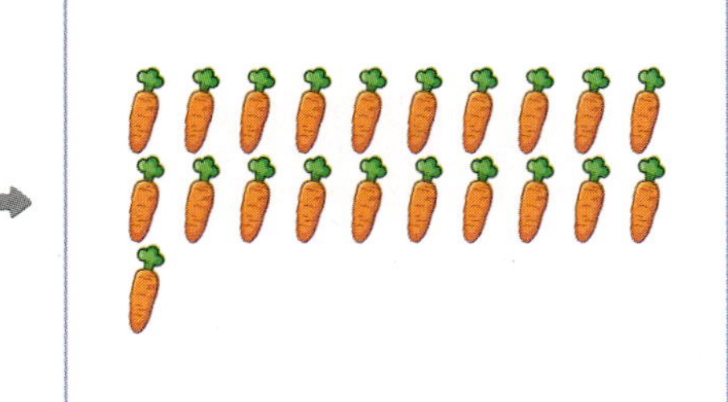

$$35 - 14 = \boxed{}$$

4

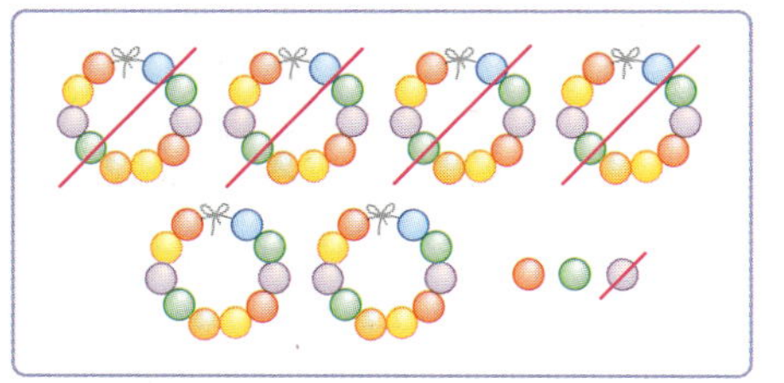

$$63 - 41 = \boxed{}$$

☀ 뺄셈을 하시오.

1
```
   2 6
 − 1 4
───────
  1 2
```
2−1=1　　6−4=2

2
```
   4 5
 − 2 3
───────
```

3
```
   6 8
 − 3 7
───────
```

4
```
   5 9
 − 1 6
───────
```

5
```
   7 4
 − 4 2
───────
```

6
```
   9 8
 − 5 2
───────
```

7
```
   8 6
 − 8 3
───────
```

8
```
   3 5
 − 2 1
───────
```

9
```
   6 9
 − 1 2
───────
```

10
```
   3 2
 − 2 1
───────
```

11
```
   5 4
 − 3 4
───────
```

12
```
   7 7
 − 2 5
───────
```

13
```
   9 3
 − 5 1
───────
```

14
```
   8 6
 − 7 3
───────
```

32 (몇십몇)−(몇십몇) (3)

☀ 뺄셈을 하시오.

1 $33-12=\boxed{21}$

2 $46-24=\boxed{}$

3 $59-35=\boxed{}$

4 $74-62=\boxed{}$

5 $67-27=\boxed{}$

6 $85-41=\boxed{}$

7 $28-11=\boxed{}$

8 $95-53=\boxed{}$

9 $63-42=\boxed{}$

10 $56-15=\boxed{}$

11 $78-36=\boxed{}$

12 $99-64=\boxed{}$

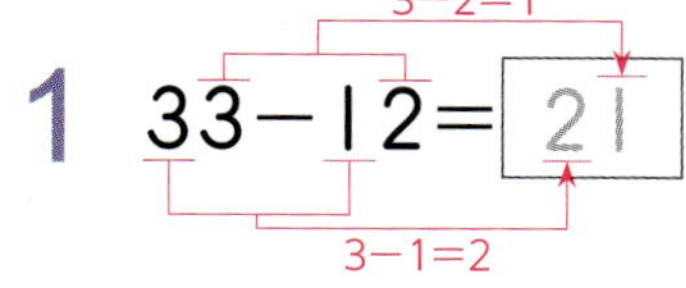

☀ 크기를 비교하여 ○ 안에 >, =, <를 알맞게 써넣으시오.

1 28−4 < 25

7 36−2 ○ 38−6

2 70−50 ○ 10

8 50−10 ○ 80−70

3 46−12 ○ 32

9 63−20 ○ 85−40

4 63 ○ 69−7

10 44−10 ○ 92−61

5 35 ○ 55−20

11 79−47 ○ 67−34

6 42 ○ 87−43

12 88−15 ○ 94−21

☀ 빵 가게의 모습을 보고 알맞은 뺄셈식을 세우고 답을 구하시오.

1 샌드위치는 케이크보다 몇 개 더 많습니까?

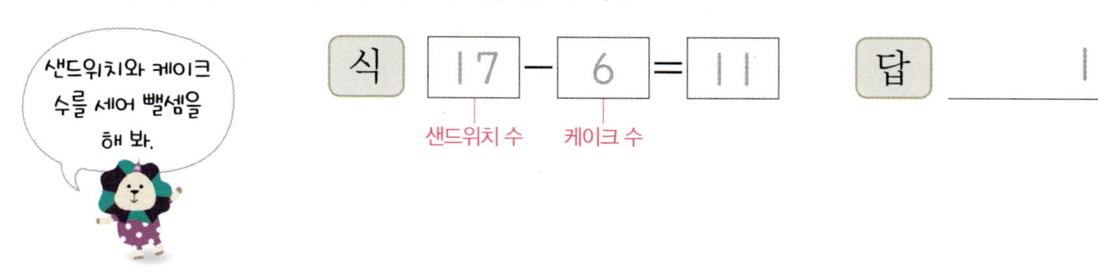

식 ｜ 17 － 6 ＝ 11 ｜　　답 　　11개

샌드위치 수　　케이크 수

2 초콜릿은 사탕보다 몇 개 더 많습니까?

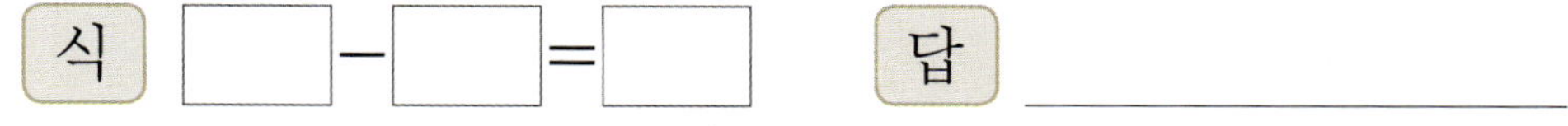

식 ｜　｜－｜　｜＝｜　｜　　답 ＿＿＿＿＿＿

3 도넛은 사탕보다 몇 개 더 많습니까?

식 ｜　｜－｜　｜＝｜　｜　　답 ＿＿＿＿＿＿

4 도넛은 샌드위치보다 몇 개 더 많습니까?

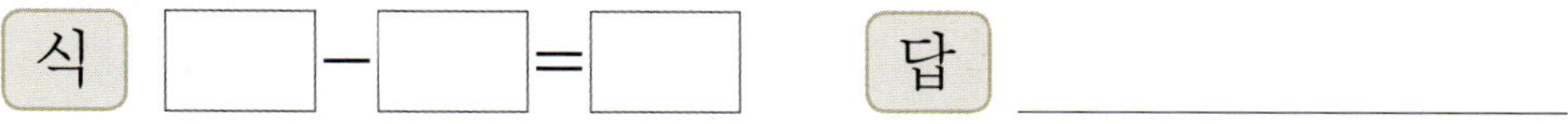

식 ｜　｜－｜　｜＝｜　｜　　답 ＿＿＿＿＿＿

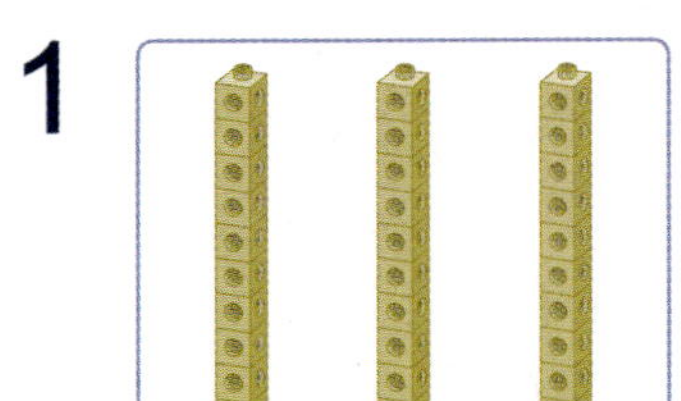

☀ 그림을 보고 □ 안에 알맞은 수를 써넣으시오. [1~2]

1

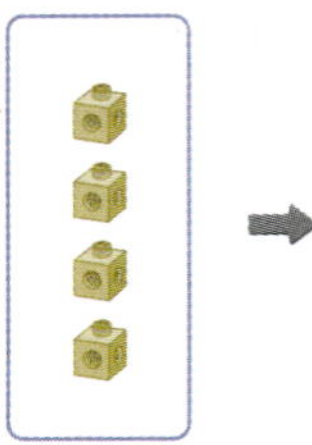 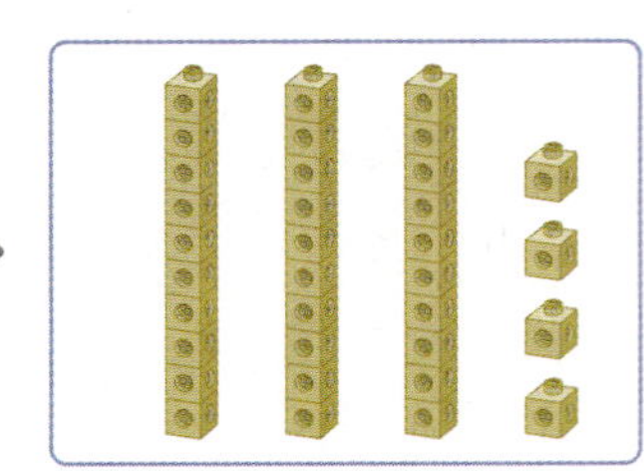

$$30+4=\boxed{}$$

· 10개씩 묶음의 수와 낱개의 수를 세어 봅니다.

2

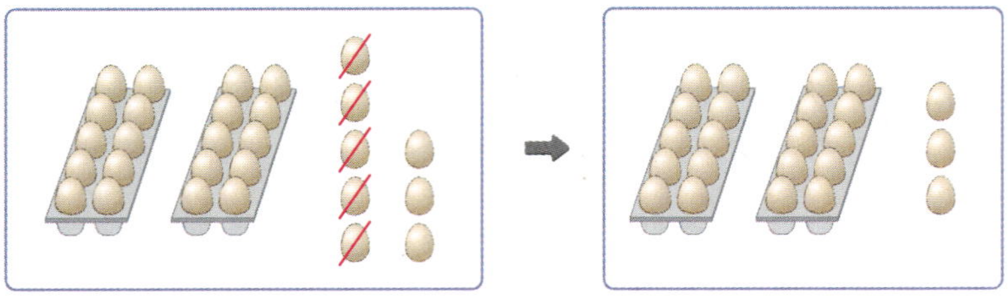

$$28-5=\boxed{}$$

· /으로 지우고 남은 달걀 수를 세어 봅니다.

☀ 계산을 하시오. [3~6]

3

$$
\begin{array}{r}
4\ 2 \\
+\ \ 7 \\
\hline
\boxed{}\boxed{}
\end{array}
$$

4
$$
\begin{array}{r}
5\ 0 \\
-\ 1\ 0 \\
\hline
\boxed{}\boxed{}
\end{array}
$$

· 낱개는 낱개끼리, 10개씩 묶음은 10개씩 묶음끼리 계산합니다.

5 $\quad 13+55=\boxed{}$

6 $\quad 96-52=\boxed{}$

7 계산 결과의 크기를 비교하여 ◯ 안에 >, =, <를 알맞게 써넣으시오.

$$90-30 \bigcirc 14+62$$

✹ 상규네 모둠에서 가게놀이를 하기 위해 모은 장난감을 보고 알맞은 식을 세우고 답을 구하시오. [8~10]

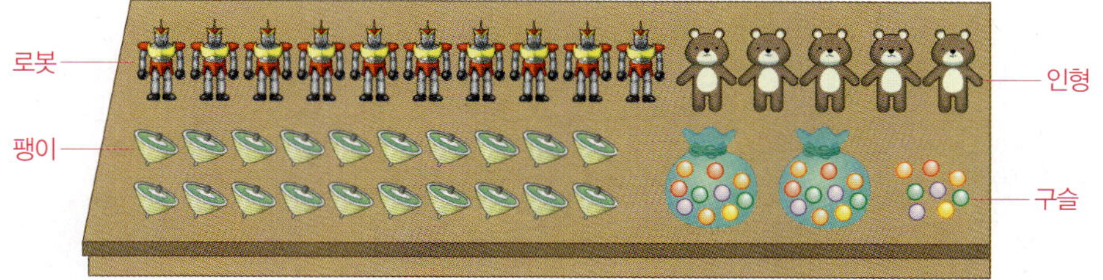

8 로봇과 인형은 모두 몇 개 있습니까?

식 ☐ + ☐ = ☐   답 __________

• 로봇 수와 인형 수를 세어 더합니다.

9 팽이와 구슬은 모두 몇 개 있습니까?

식 ☐ + ☐ = ☐   답 __________

• 팽이 수와 구슬 수를 세어 더합니다.

10 구슬은 로봇보다 몇 개 더 많습니까?

식 ☐ − ☐ = ☐   답 __________

• 구슬 수에서 로봇 수를 뺍니다.

QR 코드를 찍어 보세요.
문제 생성기 새로운 문제를 계속 풀 수 있어요.
학습 게임 재미있는 학습 게임을 할 수 있어요.

남는 피자는 누가 먹게 될까요?

진주와 친구들은 일요일에 피자를 한 판 시켜서 먹었습니다. 한 조각이 남았을 때 남는 한 조각을 누가 먹을지 고민하다가 사다리타기를 하여 결정하기로 하였습니다. 사다리에 선을 그어 남는 피자를 먹게 되는 사람의 이름을 써 보세요.

정답: 가현